编委会

主　任　　李自云

副主任　　卢显亮　周　刚

编　委　　周志海　张孟培　席家永　杨建明
　　　　　陶尚周　金之椰　李云海　叶晓刚
　　　　　吉应红

主　编　　李云海

副主编　　阳俊财　普建能

参　编　　顾华浩　李丹峰　聂　伟　李孝林
　　　　　蒯思顺　周德安

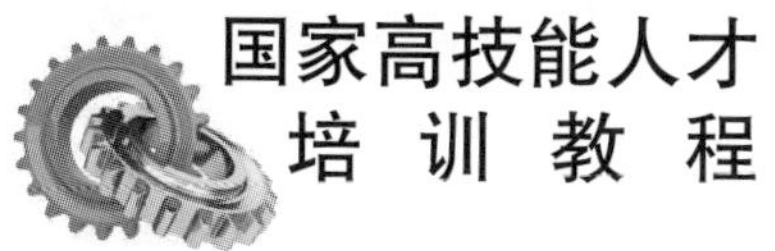

钳工
一体化实训教程

QIANGONG
YITIHUA SHIXUN JIAOCHENG

主　编　李云海
副主编　阳俊财　普建能

图书在版编目（CIP）数据

钳工一体化实训教程 / 李云海主编 . -- 昆明 : 云南大学出版社 , 2020
国家高技能人才培训教程
ISBN 978-7-5482-4148-5

Ⅰ . ①钳… Ⅱ . ①李… Ⅲ . ①钳工—高等职业教育—教材 Ⅳ . ① TG9

中国版本图书馆 CIP 数据核字 (2020) 第 192402 号

策　　划： 朱　军　孙吟峰
责任编辑： 张　松
装帧设计： 王嫗一

国家高技能人才培训教程

钳工
一体化实训教程

主　编　李云海
副主编　阳俊财　普建能

出版发行： 云南大学出版社
印　　装： 昆明理煜印务有限公司
开　　本： 787mm × 1092mm　1/16
印　　张： 16.75
字　　数： 376 千
版　　次： 2020 年 11 月第 1 版
印　　次： 2020 年 11 月第 1 次印刷
书　　号： ISBN 978-7-5482-4148-5
定　　价： 55.00 元

社　　址： 云南省昆明市翠湖北路 2 号云南大学英华园内（650091）
电　　话：（0871）65033307　65033244
网　　址： http://www.ynup.com
E－mail： market@ynup.com

若发现本书有印装质量问题，请与印厂联系调换，联系电话：0871-64167045。

前　言

《国家中长期教育和发展规划纲要（2010—2020年）》、人社部《关于扩大技工院校一体化课程教学改革试点工作的通知》（人社职司便函〔2012〕8号），对一体化课程教学改革试点工作进行了部署。为了更好地适应技工院校教学改革的发展要求，我们集中了长期从事一线教学的实习指导教师、钳工、机修实训一体化教师和行业专家，历经2年编写了《钳工一体化实训教程》。

在本次编写过程中，我们在编写委员会的指导下，积极开展讨论，认真总结教学和实践工作中的宝贵经验，听取了行业专家的意见和建议，进行了职业能力分析。本书以国家职业标准为依据，以综合职业能力培养为目标，以典型工作任务为载体，以学生为中心进行编写。根据典型工作任务，工作过程设计课程体系及内容，按照工作过程和学生自主学习的要求，设计教学并安排教学活动，实现理论教学与实践教学融通合一、能力培养与工作岗位对接合一、实习实训与顶岗工作学做合一，真正做到了“教、学、做”融为一体。

编　者

2020年5月

目 录

第一部分 初、中级工

第二部分　高级工

第一部分　初、中级工

典型工作任务一　钳加工入门知识

◇学习目标◇

1. 深刻理解安全教育的意义和作用。
2. 能识别工作环境的安全标志，把安全意识贯穿于实习过程中。
3. 理解“7S”管理的内容，按照“7S”管理的要求进行实习。
4. 能认知钳工工作特点和主要工作任务。
5. 认识钳工工作场地和常用工量夹具和设备。
6. 能严格遵守车间管理规定，按要求穿着工装。

◇学习过程◇

学习活动 1　认识钳加工，参观生产车间
学习活动 2　安全知识学习
学习活动 3　“7S”管理知识的学习
学习活动 4　钳加工所需要的工、夹、量、刃、具、设备认知学习
学习活动 5　工作总结与评价

◇建议课时◇

12 课时。

◇学习任务描述◇

某企业因发展需要，新招聘 60 名钳加工岗位新员工，为了尽快让这批新员工了解本企业钳加工工作场地的环境要素、设备管理要求以及安全操作规程，养成正确穿着工装的良好习惯，学会按照现场管理制度清理现场、放置物品，按环保要求处理废弃物，需要利用 2 天的工作时间完成上述规定的入职基础培训，为下一步训练钳加工技能奠定基础。

◇任务评价◇

序号	学习活动	评价内容					占比
		活动成果（40%）	参与度（10%）	安全生产（20%）	劳动纪律（20%）	工作效率（10%）	
1	参观生产现场，进行安全学习	生产现场信息采集，安全标识认知	活动记录	工作记录	教学日志	完成时间	20%
2	钳加工所需要的工、夹、量、刃具、设备认知学习	工、夹、量、刃具、设备的名称及用途	活动记录	工作记录	教学日志	完成时间	50%
3	工作总结与评价	对钳加工的总体认知情况	活动记录	工作记录	教学日志	完成时间	30%
总计							100%

学习活动1　认识钳加工，参观生产车间

◇学习目标◇

1. 感知钳工的工作现场和工作过程。
2. 能识别工作环境的安全标志。
3. 能认知钳工工作特点和主要工作任务。

◇学习过程◇

一、参观钳工车间和观看视频

略。

二、引导问题

1. 钳工车间工作场地应怎样布置?

2. 钳工的工作特点和主要工作任务是什么？

3. 分析小组成员特点完成下表。

小组成员名单	个人总结	备注

4. 小组讨论记录。

◇温馨提示◇

小组记录需要：记录人、主持人、日期、内容等要素。

学习活动2　安全知识学习

◇学习目标◇

1．安全知识学习，树立安全意识。

◇学习过程◇

一、安全理论知识学习，观看视频

略。

二、引导问题

1．实习过程中的着装要求有哪些？

3．实习过程中的卫生要求有哪些？

4．小组讨论记录。

◇温馨提示◇

小组记录需要：记录人、主持人、日期、内容等要素。

学习活动 3　“7S”管理知识的学习

◇学习目标◇

1. 熟悉“7S”管理内容。
2. 了解“7S”管理对实习的帮助。

◇学习过程◇

一、学习“7S”管理的内容，并入脑入心

（一）整理

定义：（1）将工作场所任何东西区分为有必要的与不必要的；
（2）把必要的东西与不必要的东西明确地、严格地区分开来；
（3）不必要的东西要尽快处理掉。

（二）整顿

定义：（1）能在 30 秒内找到要找的东西，将寻找必需品的时间减少为零。
（2）对整理之后留在现场的必要的物品分门别类放置，排列整齐。
（3）明确数量，有效标识。

（三）清扫

定义：（1）将工作场所清扫干净保持工作场所干净、亮丽。
（2）岗位保持在无垃圾、无灰尘、干净整洁的状态。

（四）清洁

定义：将前面的 3S 进行到底，并且制度化；管理公开化，透明化。

（五）素养

定义：提高员工思想水准，增强团队意识，养成按规定行事的良好工作习惯。 目的：提升

（六）安全

定义：清除安全隐患，保证工作现场工人人身安全及产品质量安全，预防意外事故的发生。

（七）节约

定义：就是对时间、空间、资源等方面合理利用，以发挥它们的最大效能，从而创造一个高效率的，物尽其用的工作场所

二、引导问题

1. “7S”管理的内容是什么?

2. 如何把“7S”应用到生产实习中?

3. 小组讨论记录。

◇温馨提示◇

小组记录需要：记录人、主持人、日期、内容等要素。

学习活动 4　钳加工所需要的工、夹、量、刃具、设备认知学习

◇学习目标◇

1. 熟悉工、夹、量、刃具的名称，并能规范使用。
2. 熟悉设备名称，能按照操作规程规范使用。

◇学习过程◇

一、观看工、夹、量、刃具及设备，熟悉名称及用途

1. 观看相关视频。
2. 参观车间。

二、引导问题

1. 对照图形，填写名称及用途。

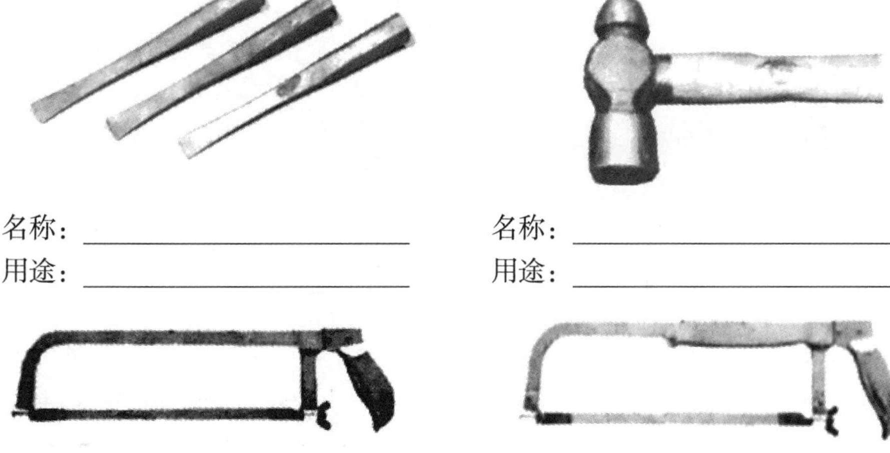

名称：____________________　　名称：____________________
用途：____________________　　用途：____________________

名称：____________________　　名称：____________________
用途：____________________　　用途：____________________

名称：________________　　名称：________________
用途：________________　　用途：________________

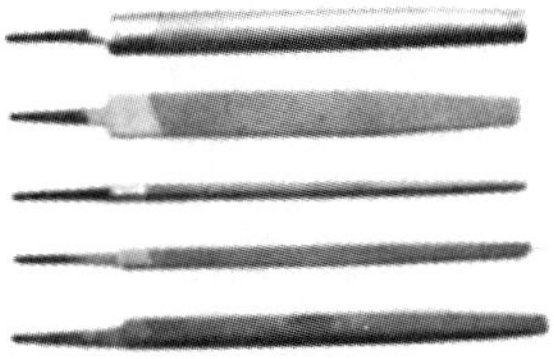

名称：________________　　名称：________________
用途：________________　　用途：________________

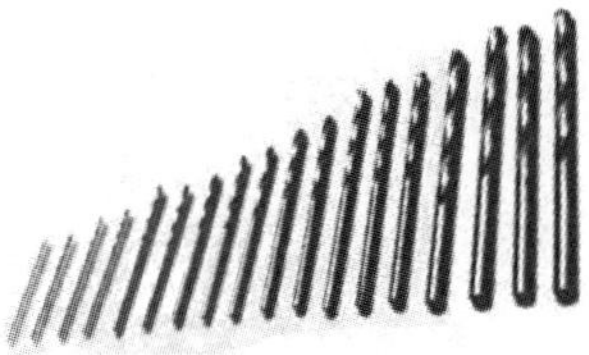

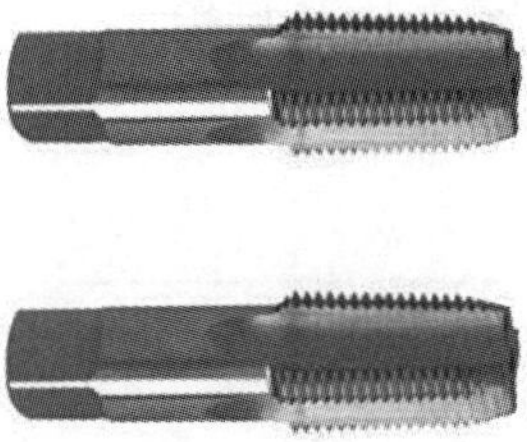

名称：________________　　名称：________________
用途：________________　　用途：________________

名称：________________　　名称：________________
用途：________________　　用途：________________

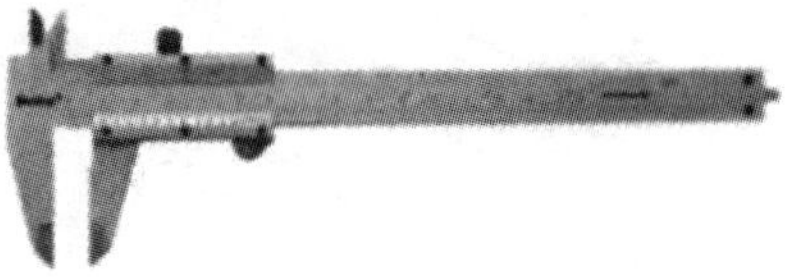

名称：________________　　名称：________________
用途：________________　　用途：________________

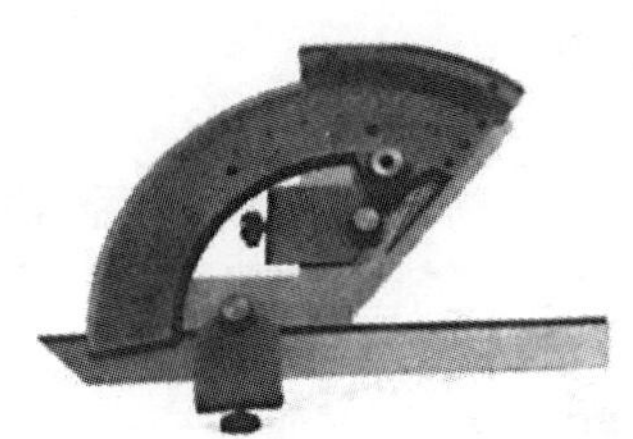

名称：________________　　名称：________________
用途：________________　　用途：________________

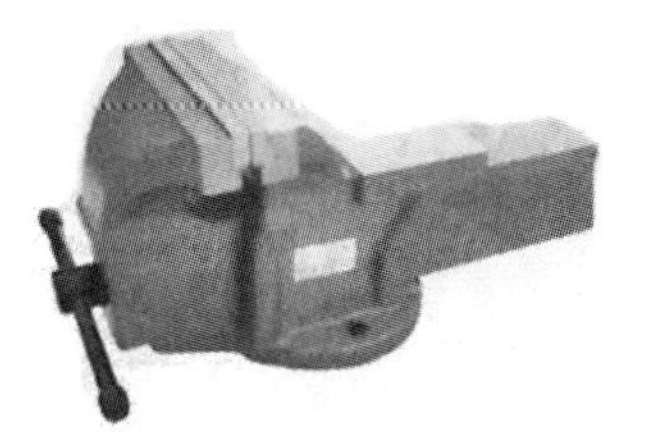

名称：________________　　名称：________________
用途：________________　　用途：________________

名称：________________　　名称：________________
用途：________________　　用途：________________

图 1-1-1 钳工常用工量具和设备

2．小组讨论记录。

◇温馨提示◇

小组记录需要：记录人、主持人、日期、内容等要素。

学习活动5　工作总结与评价

◇学习目标◇

1. 能严格遵守车间管理规定，按要求穿着工装。
2. 能与他人合作，进行有效沟通。

◇学习过程◇

一、学习准备

车间管理规定，安全操作规程。

二、引导问题

1. 钻床的安全操作规程有哪些？

2. 砂轮机的安全操作规程有哪些？

◇评价与分析◇

活动过程评价表

班级：　　　　　　姓名：　　　　　学号：　　　　　　　　　　　年　　月　　日

<table>
<tr><th colspan="2">评价项目及标准</th><th>分数</th><th>自我评价（10%）</th><th>小组评价（30%）</th><th>教师评价（60%）</th></tr>
<tr><td rowspan="6">操作技能</td><td>1. 检测工、量具的正确规范使用</td><td>10</td><td></td><td></td><td></td></tr>
<tr><td>2. 动手能力强，理论联系实际，善于灵活应用</td><td>10</td><td></td><td></td><td></td></tr>
<tr><td>3. 检测的速度</td><td>10</td><td></td><td></td><td></td></tr>
<tr><td>4. 熟悉质量分析、结合实际，提高自身综合实践能力</td><td>10</td><td></td><td></td><td></td></tr>
<tr><td>5. 检测的准确性</td><td>10</td><td></td><td></td><td></td></tr>
<tr><td>6. 通过检测，能分析对加工工艺的合理性</td><td>10</td><td></td><td></td><td></td></tr>
<tr><td>实习过程</td><td>1. 查阅、收集资料情况
2. 任务完成情况
3. 成果展示情况
4. 纪律观念
5. 实训安全操作情况
6. 检测工件规范情况
7. 平时出勤情况
8. 检测完成质量
9. 检测的速度与准确性
10. 每天对工量具的整理保管及场地卫生的清扫情况</td><td>30</td><td></td><td></td><td></td></tr>
<tr><td>情感态度</td><td>1. 师生互动
2. 良好的劳动习惯
3. 组员的交流、合作
4. 实践动手操作的兴趣、态度、积极性</td><td>10</td><td></td><td></td><td></td></tr>
<tr><td colspan="2">小计</td><td>100</td><td>_×0.1=_</td><td>_×0.3=_</td><td>_×0.3=_</td></tr>
<tr><td colspan="2">总计</td><td colspan="4"></td></tr>
<tr><td>工件检测得分</td><td></td><td colspan="2">综合测评得分</td><td colspan="2"></td></tr>
<tr><td>简要评述</td><td colspan="5"></td></tr>
</table>

注：综合测评得分＝总计 50% ＋ 工件检测得分 50%。

任课教师签字：____________________

◇知识链接◇

一、钳工工作场地

钳工工作场地是指钳工的固定工作地点。为方便工作，钳工工作场地布局一定要合理，符合安全文明生产的要求。

（一）合理布置主要设备

（1）钳工工作台应安放在光线适宜、方便工作的地方，钳工工作台之间的距离应适当。面对面放置的钳工工作台还应在中间装置安全网。

（2）砂轮机、钻床应安装在场地的边缘，尤其是砂轮机一定要安装在安全、可靠的地方。

（二）毛坯和工件要分别摆放

毛坯和工件要分别摆放整齐，工件尽量放在搁置架上，以免磕碰。

（三）合理摆放工、量、夹具

合理摆放工、量、夹具，常用工、量、夹具应放在工作位置附近，便于随时取用。工、量、夹具使用后应及时保养并放回原处存放。

（四）工作场地应保持整洁

每次实训结束后，应按要求对设备进行清扫、润滑，并把工作场地打扫干净。

二、车间安全标识

图 1–1–2　车间安全标识

三、钳工常用设备

（一）钳工工作台

钳工工作台如图 1–1–3 所示，也称钳工台或钳桌、钳台，其主要作用是安装台虎钳和存放钳工常用的工、量、夹具。

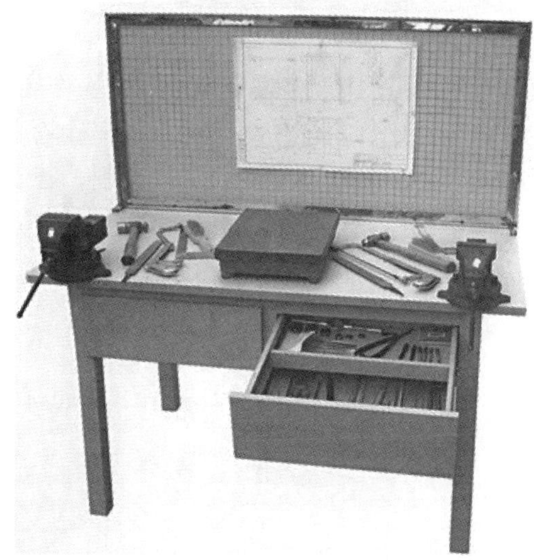

图 1–1–3　钳工工作台

（二）台虎钳

台虎钳是用来夹持工件的通用夹具，其规格用钳口宽度来表示，常用规格有 100 mm、125 mm、和 150 mm 等。

使用台虎钳的注意事项：

（1）夹紧工件时要松紧适当，只能用手扳紧手柄，不得借助其他工具加力。

（2）强力作业时，应尽量使力朝向固定钳身。

（3）不允许在活动钳身和光滑平面上敲击作业。

（4）对丝杠、螺母等活动表面应经常清洗、润滑，以防生锈。

（三）砂轮机

砂轮机（见图 1–1–4）是用来刃磨各种刀具、工具的常用设备，由电动机、砂轮机座、托架和防护罩等部分组成。

图 1–1–4　砂轮机

砂轮较脆，转速又很高，使用时应严格遵守以下安全操作规程：

（1）砂轮机的旋转方向要正确，只能使磨削向下飞离砂轮。

（2）砂轮机启动后，应在砂轮旋转平稳后再进行磨削。若砂轮跳动明显，应及时停机修整。

（3）砂轮机托架和砂轮之间的距离应保持在 3 mm 以内，以防工件扎入造成事故。

（4）磨削时应证在砂轮机的侧面，且用力不宜过大。

（四）台式钻床

台式钻床简称台钻，它结构简单、操作方便，常用于将小型工件钻、扩直径 12 mm 以下的孔。

（五）立式钻床

立式钻床简称立钻，主要用于钻、扩、锪、铰中小型工件上的孔及攻螺纹等。

（六）摇臂钻床

摇臂钻床主要用于较大、中型工件的孔加工。其特点是操纵灵活、方便，摇臂不仅能升降，而且还可以绕立柱作 360° 的旋转。

四、钳工的主要工作任务

（一）零件加工

零件加工可以完成一些采用机械方法不适宜或不能解决的加工任务，如划线，精密加工中的刮削、研磨、锉削样板和制作模具等。

（二）工具的制造和修理

工具的制造和修理：可制造和修理各种工具、夹具、量具、模具及各种专用设备。

（三）机器的装配

机器的装配是把零件按装配技术要求进行装配，并经过调试，检验和试车，使之成为合格的机械设备。

（四）设备的维护

设备的维护当机械设备在使用过程中发生故障，出现损坏或在长期使用后，精度降低，影响使用时，可由钳工进行维护和修理。

五、钳工的种类及基本操作技能

（一）装配钳工

装配钳工是从事操作机械设备或使用工装、工具，按技术要求对机械设备零件、组件或成品进行组合装配与调试的人员。

（二）机修钳工

机修钳工是从事机械设备部分的维护和修理的人员。

（三）工具钳工

工具钳工是从事操作钳工工具、钻床等设备对刀具、量具、模具、夹具、辅具等（统称工装或工具）零件的加工和修整、组合装配、调试与修理的人员。

（四）操作技能

钳工的基本的操作技能包括划线、錾削、锯削、锉削、钻孔、扩孔、锪孔、铰孔、攻螺纹、套螺纹、矫正与弯形、铆接、刮削、研磨、技术测量及简单的热处理，以及对部件、机器进行装配、调试、维修及修理等。

六、钳工的工作特点

钳工的工作特点为手工操作多、灵活性强，工作范围广、技术要求高，且操作者本身的技能水平直接影响加工质量。

七、车间安全操作规程

（一）实习安全注意事项及整体要求

1. 实习着装要求。

（1）实习时必须着工装进入车间。

（2）禁止围围巾、首饰进入车间。

（3）禁止穿拖鞋、凉鞋、高跟鞋进入车间。

（4）女生进入车间需盘好头发，戴好帽子。

（5）做到“三好”（即袖口扎好、纽扣扣好、拉链拉好）。

2. 实习纪律要求。

（1）严格遵守纪律，遵从指导教师的安排，严禁私自乱动设备。

（2）严禁在车间高声喧哗、追逐打闹，不得做与实习无关的事情。

（3）严禁出现迟到、早退现象，进入车间禁止使用手机做无关事情。

（4）严禁带早点及零食进入车间。

（5）实习期间，原则上不允许离开自己的工位，有特殊情况要离开须向老师报告。

3. 实习卫生要求。

（1）严禁乱丢垃圾，乱吐口痰。

（2）严禁在墙壁上乱涂乱画。

（3）实习结束后应认真清扫自己的工位，值日生要认真打扫车间卫生。

（4）垃圾应分类摆放。

（二）台钻安全操作规程

1. 操作钻床前应先检查钻床运行是否正常，主轴转速选择是否合适。

2. 操作者必须戴防护眼镜，女生戴好工作帽。

3. 操作钻床时禁止戴手套，袖口必须扎紧。

4. 变换主轴转速时，必须在停车状态下调整。

5. 钻头、工件必须装夹牢固。

6. 开动钻床前，应检查钻床钥匙或斜铁等是否插在钻床上。

7. 操作者的头部不能离主轴太近。

8. 严禁在开机状态下装拆、检测工件。

9. “三禁止”（禁止用手拉、禁止用嘴吹、禁止用棉纱擦）清除切屑时做倒。

10. 操作钻床时注意力要集中，不允许聊天、打闹。

11. 停车时应让主轴自然停止，不能用手强行停车，也不能反转制动。

12. 清理钻床或加注润滑油时，必须切断电源。

13. 一人一机进行操作。

（三）“7S”管理的内容

1. 整理。

对实训车间内放置的各种物品进行分类，把与生产实训无关的物品进行清除，按照要求，把与生产实训有关的物品进行规范摆放，达到实训车间无不用之物。

整理活动的目的：增加实训车间作业面积，保障物流畅通，防止工具误用等。

实施标准：

（1）对原材料、半成品、成品与垃圾、废料、余料等要加以区分，按照规定摆放。

（2）实训车间内，不得随意摆放任何物品（包括私人物品），摆放物品要先进行分类，按照规定位置整齐摆放。

（3）要正确使用工具箱、工具柜，并做到定期清理。

（4）每天要认真清理工作桌面、置物架、工具架、抽屉等。

2．整顿。

按照规定摆放实训车间内的工、量具、物品等，并明确标识，达到标准化放置。工、量具、物品等使用过后要及时归位。在最有效的规章、制度和最简捷的流程下完成实训操作。

整顿活动的目的：使实训车间整洁，一目了然，减少工、量具、物品等取放时间，提高工作效率，保持井井有条的工作秩序区。

实施标准：

（1）工具架，工、量具，实训设备及仪器等按照要求，规范放置。

（2）消耗用品，如手套、抹布、扫把、拖把等，要按照要求规范放置。

（3）毛胚料、加工材料、待检材料、半成品、成品灯堆放整齐，并进行明显标识。

（4）零件、零件箱等，要按照要求，规范放置，并且摆放整齐。

（5）实训车间通道（走道）要保持畅通，且不得摆放任何物品。

（6）私人物品要按照要求统一放置，不得乱丢乱放。

（7）文件、资料及档案应及时分类，并整理归档。

3．清扫。

实训车间要保持干净整洁，做到无垃圾、无灰尘、无脏物、无异味，按照“谁使用，谁负责的”的管理原则，每天认真清扫实训场所。

清扫活动的目：创建一个干净整洁、舒适的实训环境。

实施标准：

（1）对实训设备、工作台、工作桌、办公桌及门窗地板等每天要认真清扫、清洁。

（2）每天下课后，要认真清扫使用过的设备、工作台、办公桌等，垃圾、纸屑等要及时清理出实训场地。

（3）工、量具、物品等在使用过后要认真清洁保养（如实训设备、平板、量具使用过后，要用干净抹布擦拭并涂抹凡士林或润滑油）。

（4）在实训生产后，加工工件的废料、余料要及时清理，做到“谁使用，谁清洁、保洁”。

4．清洁。

整理、整顿、清扫之后要认真维护，使现场保持在最佳状态。并将实施的做法予以标准化、制度化、持久化，使“7S”活动形成惯例和制度。

清洁活动的目的：使整理、整顿和清扫工作成为一种惯例和制度，是标准化的基础，也是实训车间文化的开始。

实施标准：

（1）排定实训车间上课班级值日表。

（2）定期擦拭窗户、门板、玻璃等。

（3）保持工作环境整洁、干净。

（4）机台、工作桌、工作台以及办公桌等要保持干净、无杂物，不得任意放置物品。

（5）长时放置（一周以上）的材料和设备等须加盖防尘设施。

5．素养。

素养即教养。以“人性”为出发点，通过整理、整顿、清扫、清洁等合理化的改善活动，使同学们养成严格遵守规章制度的良好习惯和工作作风，永远保持适宜的行为，进而促进各成员素养的全面提升。

素养活动的目的：通过素养培养让同学们成为一个遵守规章制度，具有良好工作习惯的人。

实施标准：

（1）严格遵守学校规章制度，遵守作息时间，按时出勤，不迟到早退。

（2）遵守实训课堂纪律，禁止在实训车间嬉戏打闹、玩手机、打瞌睡、吃东西等。

（3）不破坏工作现场的环境（如乱丢垃圾，工具任意摆放等）使用公物时能保持其干净清洁。

（4）下课后能及时打扫和整理工作现场。

（5）按照实训要求规定统一着工装，并保持仪表、仪容。

（6）尊重师长、团结同学，待人做事有礼貌。

6．安全。

遵守实训纪律，提高安全意识，每时每刻都树立安全第一的观念，做到防患于未然。

安全活动的目的：保障同学们的人身安全，杜绝安全事故的发生。

实施标准：

（1）牢记各项安全操作规程，正确操作、使用各种机器设备和实训设备。

（2）隔离有害物、易燃易爆物品，并加以标识。

（3）定期检查消防设备和设施，并注意安全用电。

（4）全体同学按要求规定着装后，才能进入实训车间，禁止在实训车间内嬉戏打闹。

（5）不得带与实训无关的物品进入实训车间。

（6）下课清洁完车间后，要在断电、关窗、关门之后，方能离开。

7．节约。

节约就是对时间、空间、能源等的合理利用，以发挥它们的最大效能，从而创造一个高效率、物尽其用的实训场所。

节约活动的目的：培养同学们养成勤俭节约的良好习惯。

实施标准：

（1）节约使用各类物品，例如洗手液、零件和辅料等。

（2）节约使用水源、电源，下课后要断电断水。

（3）充分利用毛坯料及各类工、量具，以免造成浪费。

典型工作任务二　常用量具的使用

◇学习目标◇

1．认识钳工常用量具。
2．掌握钳工常用量具的结构、刻线原理和读数方法。
3．会使用各种量具对工件进行正确测量。
4．学会分析量具的测量误差。

◇建议课时◇

12 课时。

◇学习过程◇

学习活动 1　游标卡尺的使用
学习活动 2　千分尺的使用
学习活动 3　万能角度尺的使用
学习活动 4　工作总结与评价

◇学习任务描述◇

量具在钳加工中起着重要的作用，它是保证零件尺寸公差、形位公差的基本依据，也是零件组装成机器后，机器能正常运转的重要保证。为了保证产品质量，加工过程中及加工完毕后要用量具进行严格的测量，以保证工件及产品的形状、尺寸。

◇任务评价◇

序号	学习活动	评价内容					占比
		活动成果（40%）	参与度（10%）	安全生产（20%）	劳动纪律（20%）	工作效率（10%）	
1	量具认识	量具的名称及分类	活动记录	工作记录	教学日志	完成时间	10%
2	量具刻度原理	刻线原理的掌握情况	活动记录	工作记录	教学日志	完成时间	30%
3	量具刻度误差分析	存在误差的原因	活动记录	工作记录	教学日志	完成时间	40%
4	工作总结与评价	总体收获	活动记录	工作记录	教学日志	完成时间	20%
总计							100%

学习活动1　游标卡尺的使用

◇学习目标◇

1. 认识游标卡尺的用途、结构、刻线原理及读数方法。
2. 学会正确使用游标卡尺进行测量。
3. 学会游标卡尺的维护与保养。

◇学习过程◇

一、学习准备

教材，游标卡尺。

二、引导问题

1. 游标卡尺的用途是什么？

2. 如图 1-2-1 所示，游标卡尺由哪些结构组成？

3. 简述测量精度为 0.02 mm 的游标卡尺的刻线原理。

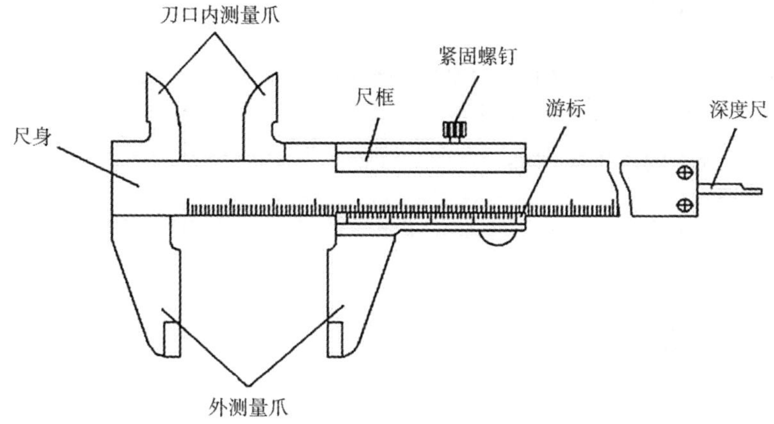

图 1-2-1　游标卡尺的结构

4. 简述测量精度为 0.02 mm 的游标卡尺的读数方法。

5. 如何对游标卡尺进行保养？

6. 小组讨论记录。

◇温馨提示◇

小组记录需要：记录人、主持人、日期、内容等要素。

学习活动2　千分尺的使用

◇学习目标◇

1. 认识千分尺的用途、结构、刻线原理及读数方法。
2. 学会正确使用千分尺进行测量。
3. 学会千分尺的维护与保养。

◇学习过程◇

一、学习准备

教材，外径千分尺。

二、引导问题

1. 简述外径千分尺的用途。

2. 如图 1-2-2 所示，千分尺由哪些结构组成？

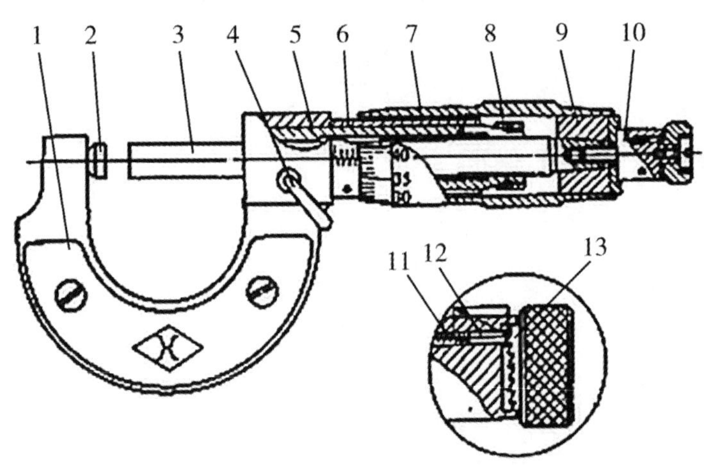

1—尺架；2—砧座；3—测微螺杆；4—锁紧装置；5—螺纹袖套；6—固定套管；7—微分管；8—螺母；9—接头；10—测力装置；11—弹簧；12—棘轮爪；13—棘轮

图 1-2-2　外径千分尺的结构

3．简述外径千分尺的刻线原理。

4．简述外径千分尺的读数方法。

5．如何对外径千分尺进行保养？

6．小组讨论记录。

◇温馨提示◇

小组记录需要：记录人、主持人、日期、内容等要素。

学习活动3　万能角度尺的使用

◇学习目标◇

1. 认识万能角度尺的用途、结构、刻线原理及读数方法。
2. 学会正确使用万能角度尺进行测量。
3. 学会万能角度尺的维护与保养。

◇学习过程◇

一、学习准备

教材及万能角度尺。

二、引导问题

1. 简述万能角度尺的用途。

2. 简述万能角度尺的结构。

3. 简述万能角度尺的刻线原理。

4. 简述万能角度尺的读数方法。

5. 如何对万能角度尺进行保养?

6. 小组讨论记录。

◇温馨提示◇

小组记录需要：记录人、主持人、日期、内容等要素。

学习活动 4　工作总结与评价

◇学习目标◇

1. 能自信地将量具学习的收获分享给其他同学。
2. 对量具的结构、刻线原理和读数方法进行总结。

◇学习过程◇

一、学习准备

笔记本，展板。

二、引导问题

影响读数准确性的因素有哪些？试分析。

◇评价与分析◇

活动过程评价表

班级：　　　　　　姓名：　　　　　　学号：　　　　　　　　　　　年　　月　　日

评价项目及标准		分数	自我评价（10%）	小组评价（30%）	教师评价（60%）
操作技能	1. 检测工、量具的正确规范使用	10			
	2. 动手能力强，理论联系实际，善于灵活应用	10			
	3. 检测的速度	10			
	4. 熟悉质量分析、结合实际，提高自身综合实践能力	10			
	5. 检测的准确性	10			
	6. 通过检测，能对加工工艺进行合理性分析	10			

续表

<table>
<tr><th colspan="2">评价项目及标准</th><th>分数</th><th>自我评价（10%）</th><th>小组评价（30%）</th><th>教师评价（60%）</th></tr>
<tr><td>实习过程</td><td>1. 查阅、收集资料情况
2. 任务完成情况
3. 成果展示情况
4. 纪律观念
5. 实训安全操作情况
6. 检测工件规范情况
7. 平时出勤情况
8. 检测完成质量
9. 检测的速度与准确性
10. 每天对工量具的整理保管及场地卫生清扫情况</td><td>30</td><td></td><td></td><td></td></tr>
<tr><td>情感态度</td><td>1. 师生互动
2. 良好的劳动习惯
3. 组员的交流、合作
4. 实践动手操作的兴趣、态度、积极性</td><td>10</td><td></td><td></td><td></td></tr>
<tr><td colspan="2">小计</td><td>100</td><td>_×0.1=_</td><td>_×0.3=_</td><td>_×0.3=_</td></tr>
<tr><td colspan="2">总计</td><td colspan="4"></td></tr>
<tr><td>工件检测得分</td><td></td><td colspan="2">综合测评得分</td><td colspan="2"></td></tr>
<tr><td>简要评述</td><td colspan="5"></td></tr>
</table>

注：综合测评得分 = 总计 50% + 工件检测得分 50%。

任课教师签字：＿＿＿＿＿＿＿

◇知识链接◇

一、常用测量工具的使用

量具的种类很多，在钳加工中根据其用途及特点，可以分为万能量具、专用量具、标准量具等。

（一）万能量具

万能量具是能对多种零件、多种尺寸进行测量的量具。这类量具一般都有刻度，在测量范围内可测量出零件或产品形状、尺寸的具体数值，例如游标卡尺、千分尺、百分表、万能角度尺等，如图 1–2–3 所示。

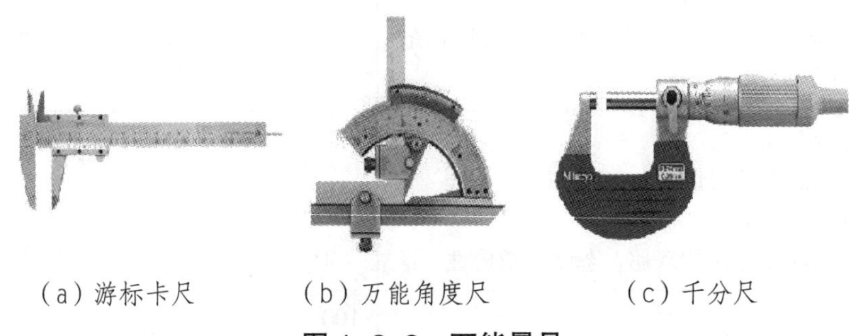

（a）游标卡尺　（b）万能角度尺　（c）千分尺

图 1–2–3　万能量具

（二）专用量具

专用量具是专为测量零件或产品某一形状、尺寸制造的量具。这类量具不能测出产品具体的实际尺寸，只能测出零件或产品的形状、尺寸是否合格，例如有卡规、量规等，如图 1–2–4（a）所示。

（三）标准量具

标准量具是只能制成某一固定尺寸，用来校对和调整其他量具的量具，例如量规、量块如图 1–2–4（b）所示。

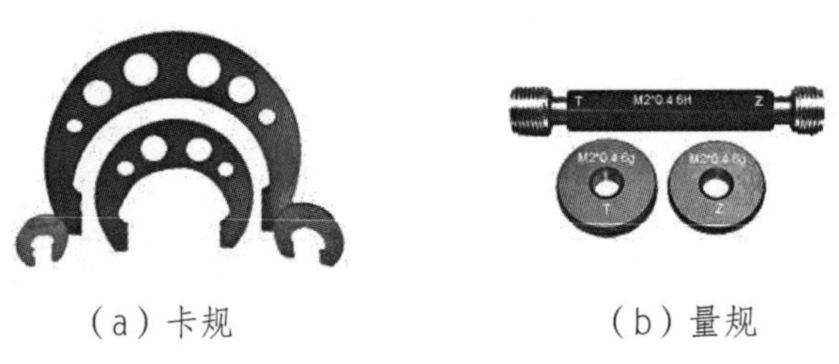

（a）卡规　（b）量规

图 1–2–4　专用量具

二、游标量具

凡利用尺身和游标刻线间的长度差原理制成的量具，统称为游标量具。钳工中常用的游标量具有游标卡尺、万能角度尺、游标高度尺、齿厚游标卡尺、游标深度尺等。

（一）游标卡尺

游标卡尺可以用来测量长度、宽度、厚度、外径、内径、孔深、中心距等，如图1–2–5所示。游标卡尺的精度有0.1 mm、0.05 mm、0.02 mm三种测量精度。

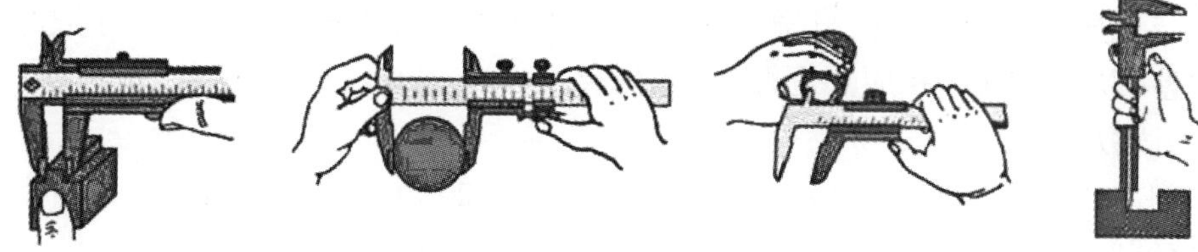

（a）测量工作宽度　（b）测量工件外径　（c）测量工件内径　（d）测量工件深度

图1–2–5　游标卡尺的应用

1．游标卡尺的结构。

游标卡尺由尺身、游标、内量爪、外量爪、深度尺和紧固螺钉组成，如图1–2–6所示。

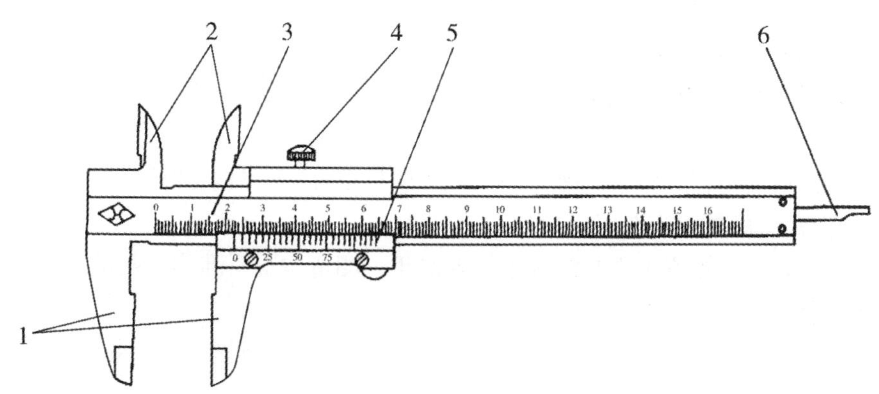

1—外量爪；2—内量爪；3—尺身；4—紧固螺钉；5—游标；6—深度尺；

图1–2–6　游标卡尺的结构

2．0.02 mm游标卡尺的刻线原理。

尺身每1格长度为1 mm，游标总长为49 mm，等分为50格，每格长度为49/50=0.98 mm，尺身1格和游标1格长度之差为：1 mm–0.98 mm=0.02 mm，所以它的精度为0.02 mm，如图1–2–7所示。

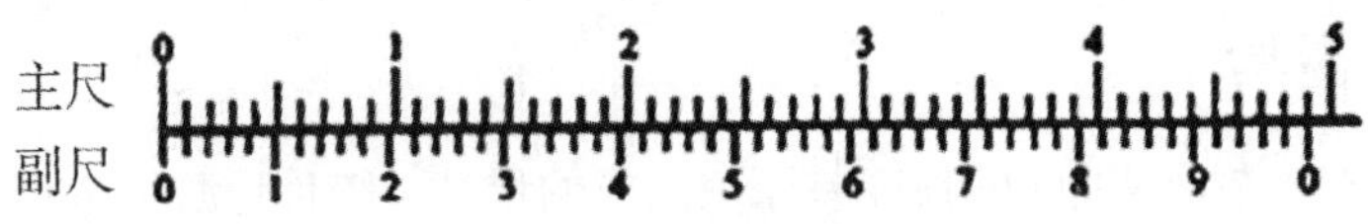

图 1–2–7　游标卡尺的刻线原理

3．游标卡尺的读数方法。

首先读出游标卡尺零刻线左边尺身上的整毫米数；再看游标卡尺从零线开始第几条刻线与尺身某一刻线对齐，其游标刻线数与精度的乘积就是不足 1 mm 的小数部分；最后将整毫米数与小数相加就是测量的实际尺寸。

4．读数实例。

如图 1–2–8 所示整数为 3 mm，小数尺寸为（n=20）0.02=0.40 mm，所以实测尺寸为 3+0.40=3.40 mm。

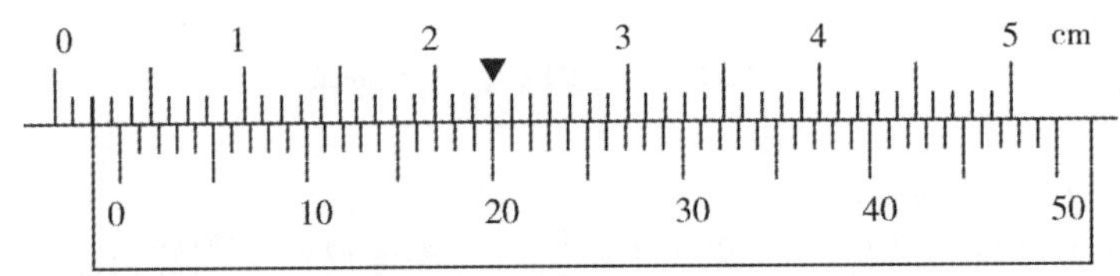

图 1–2–8　读数实例

5．游标卡尺的保养。

（1）根据被测工件的特点、尺寸大小和精度要求选用合适的类型、测量范围和分度值。

（2）测量前应将游标卡尺擦干净，并将两量爪合并，检查游标卡尺的精度状况；大规格的游标卡尺要用标准棒校准检查。

（3）测量时，被测工件与游标卡尺要对正，测量位置要准确，两量爪与被测工件表面接触要松紧适宜。

（4）读数时，要正对游标刻线，看准对齐的刻线，正确读数；不能斜视，以减少读数误差。

（5）用单面游标卡尺测量内尺寸时，测得的实际尺寸应为游标卡尺上的读数加上两量爪宽度尺寸。

（6）严禁在毛坯面、运动工件或温度较高的工件上进行测量，以防损伤量具精度和影响测量精度。

（7）在使用过程中，不能将游标卡尺和刀具（如锉刀、车刀、钻头等）堆放在一起，以免被砸伤；也不要随便放在机床上，以免其被振动掉落，造成损伤。

（二）万能角度尺

万能角度尺是用来测量工件内、外角度的量具。其测量精度为 0°~320°。

1．万能角度尺的结构。

万能角度尺由尺身、扇形板、基尺、游标、直角尺、直尺、卡块组成，如图 1–2–9 所示。

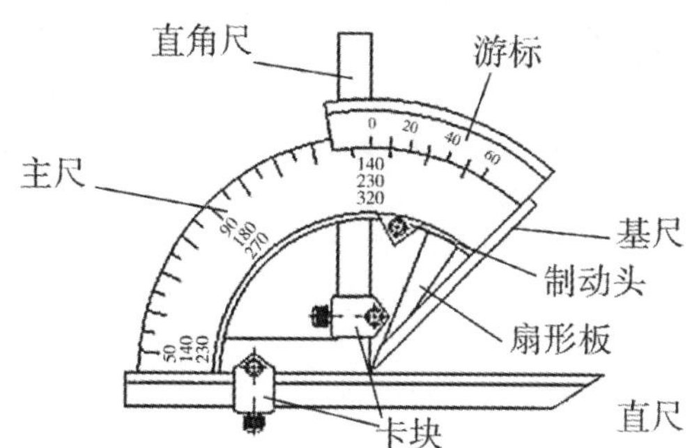

图 1–2–9　万能角度尺的结构

2．2′ 万能角度尺的刻线原理。

万能角度尺的尺身刻线每格为 1°，游标共 30 格，等分 29°，游标每格为 29°/30=58′，尺身 1 格和游标 1 格之差为 1°–58′=2′，所以它的测量精度为 2′，如图 1–2–10 所示。

图 1–2–10　万能角度尺的刻线原理

3．读数方法 。

先读出游标卡尺零刻度前面的整度数，再看游标卡尺第几条刻线和尺身刻线对齐，读出角度“′”的数值，最后把两者相加就是测量角度的数值。读数实例如图 1–2–11 所示。

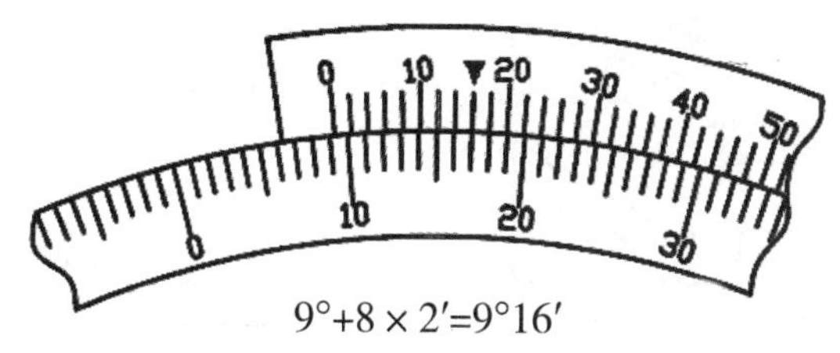

9°+8 × 2′=9°16′

图 1–2–11　万能角度尺的读数

4．万能角度尺测量不同角度的装拆方法。

万能角度尺测量不同角度的装拆方法如图 1–2–12 所示。

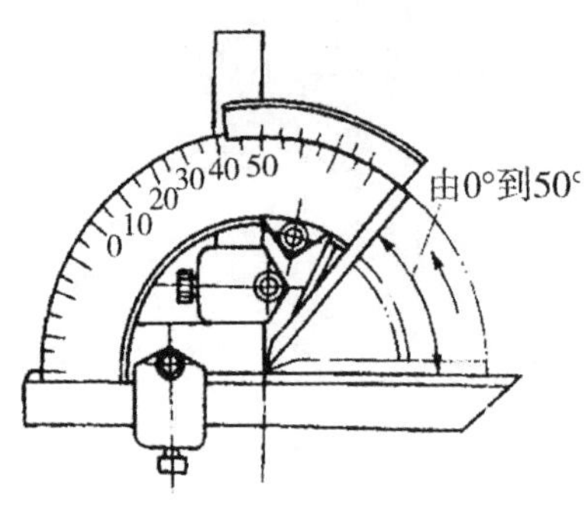

(a) 0°~50°：由直尺 + 直角尺 + 扇形板行组合

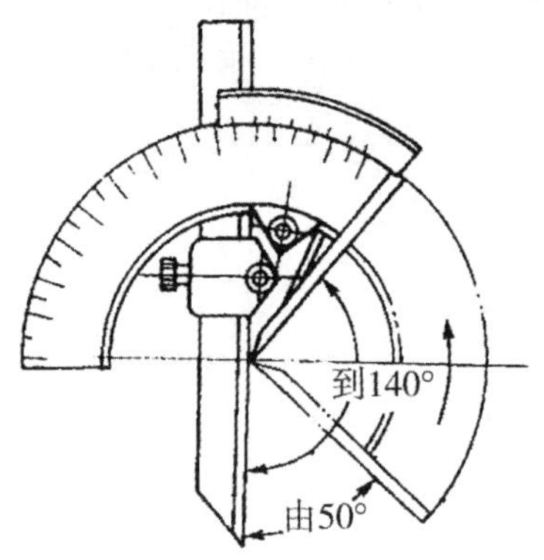

(b) 50°~140°：由直尺 + 扇形板进行组合

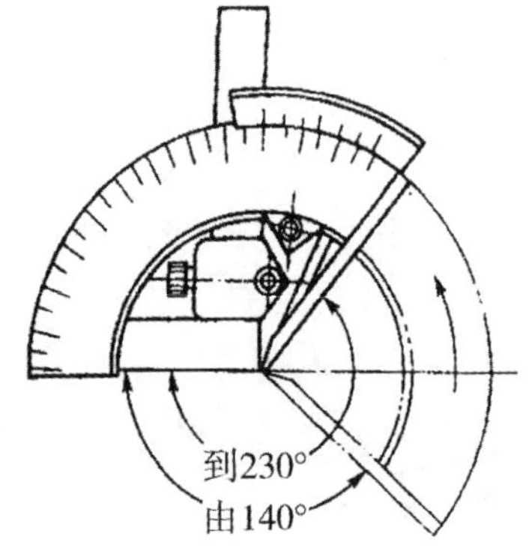

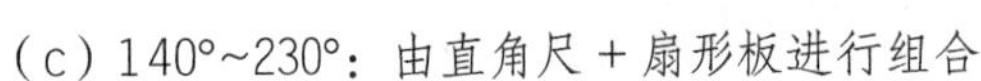
(c) 140°~230°：由直角尺 + 扇形板进行组合

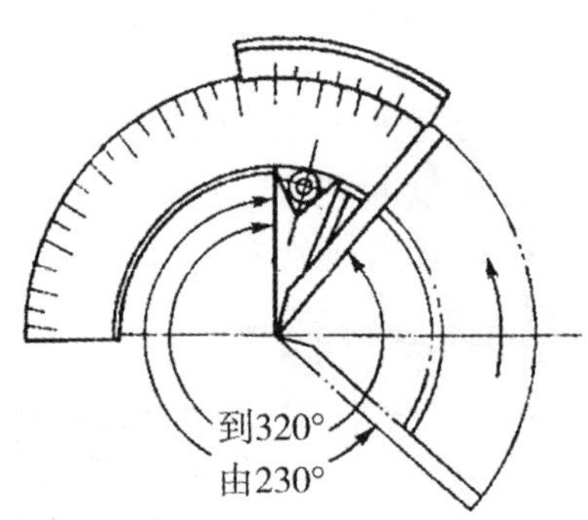

(d) 230°~320°：仅用扇形板

图 1-2-12　万能角度尺的测量范围

5. 万能角度尺角度测量应用实例。

万能角度尺角度测量应用实例，如图 1-2-13 所示。

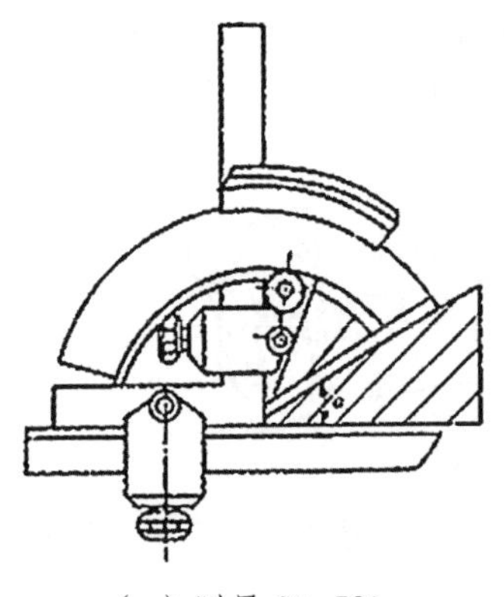

(a) 测量 0°~50°

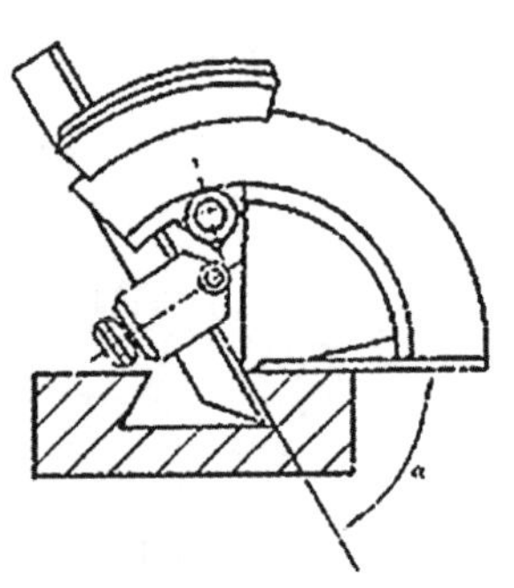

(b) 测量 5~140°

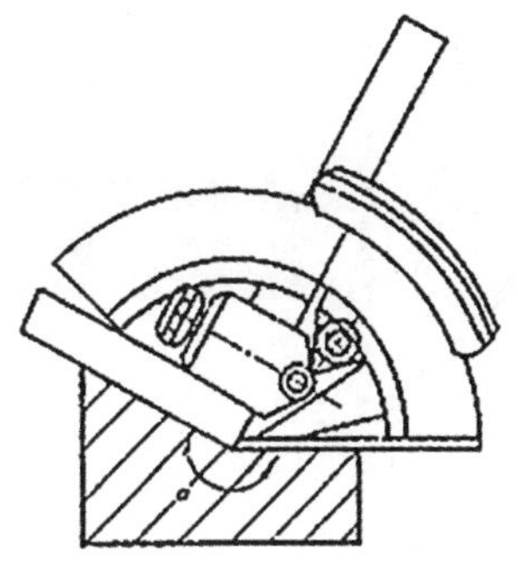

（c）测量 140~230°

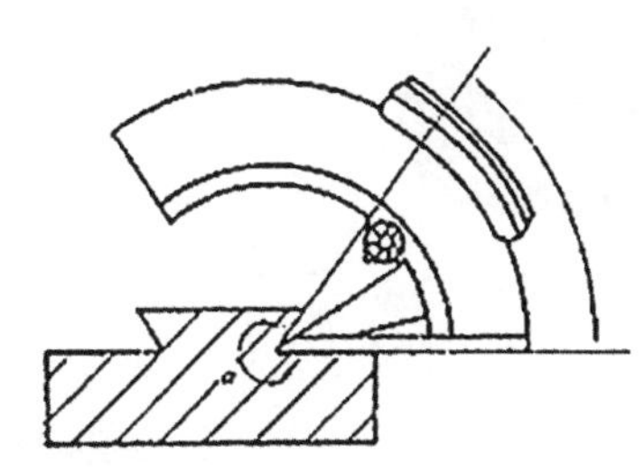

（d）测量 230~320°

图 1–2–13　万能角度尺的实际应用

6．万能角度尺的正确使用及日常保养。

（1）万能角度尺应有计量部门的确认标识，标识应在有效期内。

（2）量具的各组成部件应完整无缺，测量面应无明显划痕。

（3）游标与主尺在做相对移动时，应灵活平稳，卡块紧固可靠，微动装置有效。

（4）测量角度大于 90° 时，测得的读数应加上基数（90°、180°、270°）才是被测的角度值。

（5）测量完毕后，松开各紧固件，取下直尺、角尺，然后擦净，涂上防锈油，装入专用盒内。

（6）在使用过程中，不能将万能角尺和刀具（如锉刀、车刀、钻头等）堆放在一起，以免被砸伤；也不要随便放在机床上，以免其被振动掉落，造成损伤。

三、千分尺

（一）千分尺的种类

分尺是测量中最常用的精密量具之一，也是装配钳工中常用的精密量具。千分尺的种类较多，按其用途不同可分为外径千分尺、内径千分尺、深度千分尺、内测千分尺、螺纹千分尺等，如图 1–2–14 所示。其中，外径千分尺是最常用的，其测量精度为 0.01 mm。

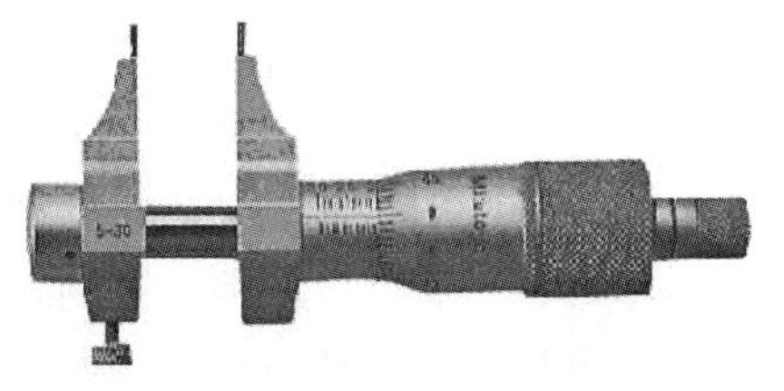

（a）内径千分尺

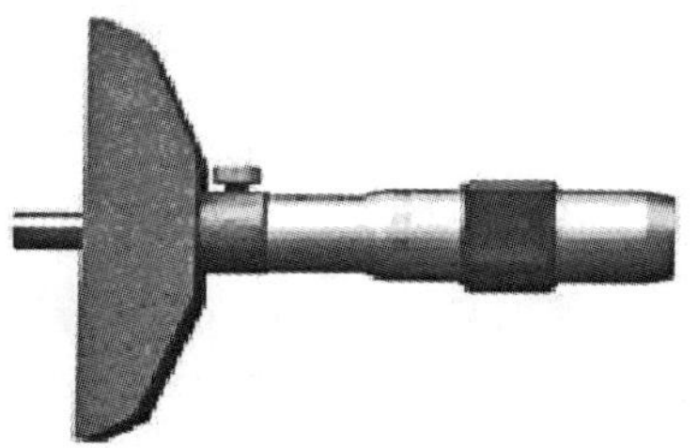

（b）深度千分尺

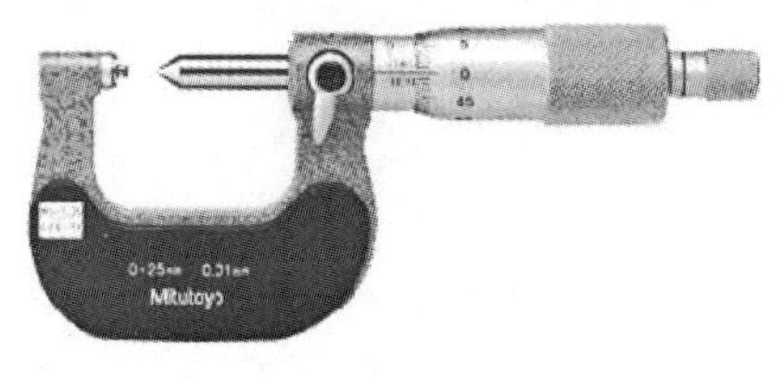

（c）螺纹千分尺

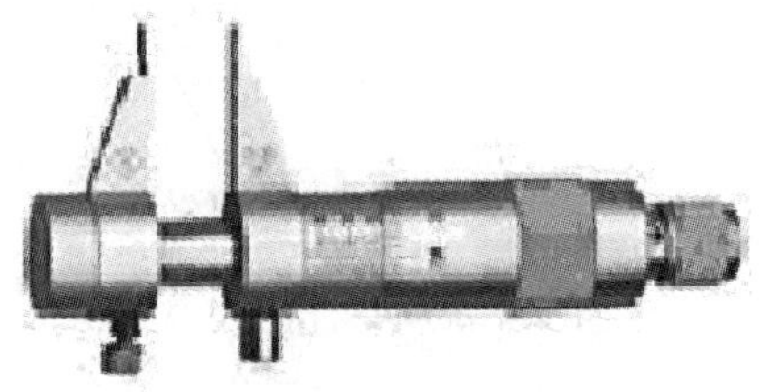

（d）内测千分尺

图 1-2-14　千分尺的种类

（二）外径千分尺的结构

外径千分尺的结构，如图 1-2-15 所示。

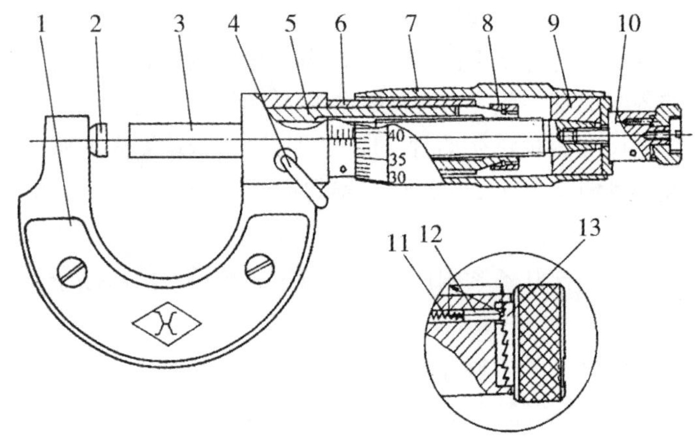

1—尺架；2- 砧座；3—测微螺杆；4—锁紧装置；5—螺纹轴套； 6—固定套管；
7—微分筒；8—螺母；9—接头；10—测力装置；11—弹簧；12- 棘轮爪；13—棘轮

图 1-2-15　千分尺的结构

（三）外径千分尺的刻线原理

千分尺固定套管上每相邻两刻线轴向每格长为 0.5 mm，测微螺杆螺距为 0.5 mm。当微分筒转 1 圈时，测微螺杆就移动 1 个螺距 0.5 mm。微分筒圆锥面上共等分 50 格，微分筒每转 1 格，测微螺杆就移动 $\frac{0.5\,\text{mm}}{50}=0.01\,\text{mm}$，所以千分尺的测量精度为 0.01 mm。

（四）读数方法

先读出固定套筒上露出刻线的整毫米及半毫米数，再看微分筒那一条刻线与固定套管的基准线对齐，读出不足半毫米的小数部分，最后将两次读数相加，即是工件的测量尺寸，如图 1-2-16 所示。

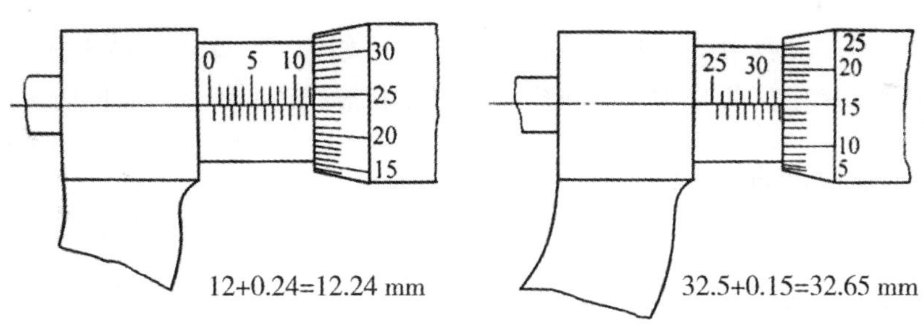

图 1–2–16　千分尺的读数方法

（五）千分尺的零位校对

使用千分尺前，应先校对千分尺的零位。把千分尺的两个测量面擦干净，转动测微螺杆使它们贴合在一起（这里针对 0~25 mm 的千分尺而言，若测量范围大于 25 mm 时，应该在两测量面之间放上校对棒），检查微分筒上的“0”刻线是否对准固定套筒的基准轴向中线，微分筒的端面是否正好使固定套筒上的“0”刻线露出来。

（六）千分尺的使用方法

千分尺的使用方法，如图 1–2–17 所示。

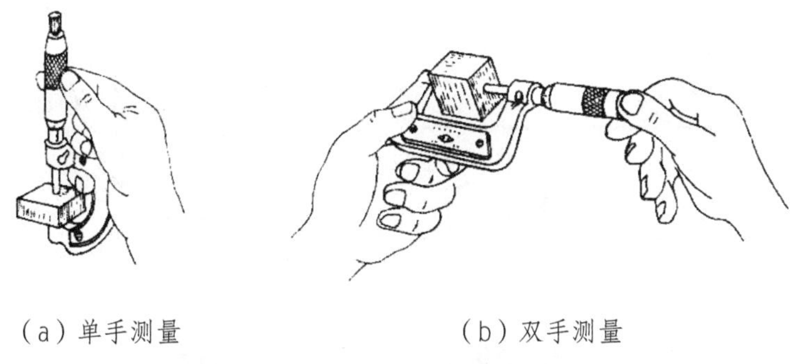

（a）单手测量　　　　（b）双手测量

图 1–2–17　千分尺的使用方法

（七）千分尺的使用保养方法

（1）千分尺是一种精密量具，使用时应小心谨慎，动作轻缓，不要让它受到打击和碰撞。

（2）千分尺的螺纹非常精密，旋钮和测力装置在转动时都不能过分用力；当转动旋钮使测微螺杆靠近被测物时，一定要改旋测力装置，不能转动旋钮使螺杆压在待测物上；当测微螺杆与测砧已将被测物卡住或旋紧锁紧装置的情况下，绝不能强行转动旋钮。

（3）为了防止手温使尺架膨胀引起微小的误差，在千分尺尺架上装有隔热装置。实验时应手握隔热装置，尽量少接触尺架的金属部分。

（4）使用千分尺测同一长度时，一般应反复测量几次，取其平均值作为测量结果。

（5）千分尺使用完毕后，应用纱布擦干净，在测砧与螺杆之间留出一点空隙，放入盒中。如长期不用，可以抹上机油或黄油，放置在干燥的地方。注意不要让它接触腐蚀性气体。

（6）在使用过程中，不能将千分尺和刀具（如锉刀、车刀、钻头等）堆放在一起，以免被砸伤；也不要随便放在机床上，以免其被振动掉落，造成损伤。

四、测量技能训练

（一）游标卡尺的使用

测量时，内外量爪应张开到略大于被测工件尺寸。先将尺框靠在工件测量基准面上，然后轻轻移动游标，使内外量爪贴靠在工件另一面上，如图 1–2–18 所示，并使游标卡尺测量面接触正确，不能处于歪斜状态（见图 1–2–19），然后把紧固螺钉拧紧，读出读数。

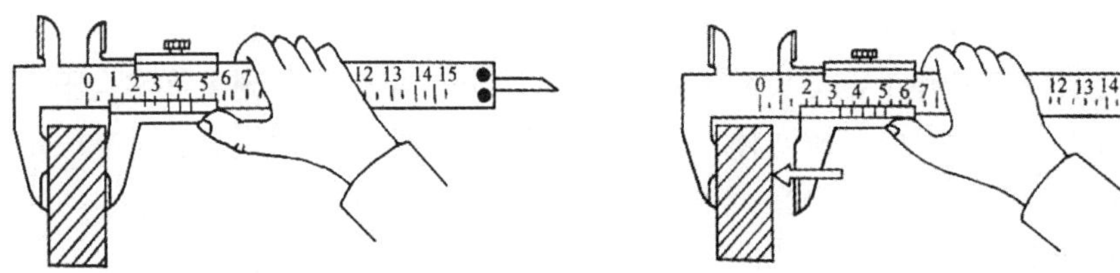

图 1–2–18　游标卡尺的使用方法

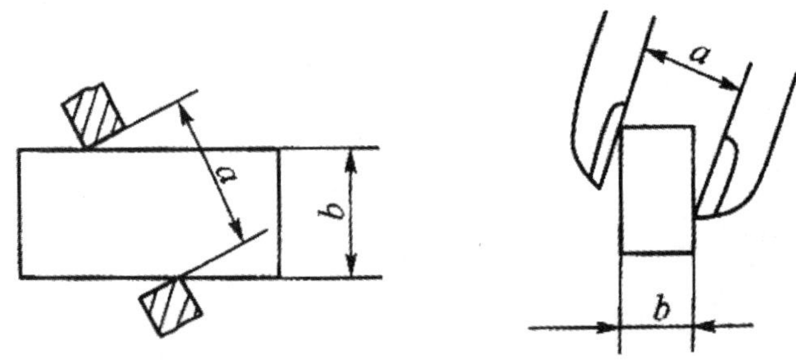

图 1–2–19　游标卡尺测量面与工件错误接触

（二）千分尺的使用

用千分尺进行测量时，应先将砧座和测微螺杆的测量面擦干净，并校准千分尺的零位。测量时可单手操作或双手操作。使用时，旋转力要适当，一般先旋转微分筒，当测量面快接触或刚接触工件表面时，再旋转棘轮，以控制一定的测量力，最后读出读数。

（三）万能角度尺的使用

测量前应将测量面擦干净，直尺调好后将卡块紧固螺钉拧紧。测量时应先将基尺贴靠在工件测量基准面上，然后缓慢移动游标，使直尺紧靠在工件表面后再读出读数。

（四）实物测量

1. 用游标卡尺测量。

用游标卡尺测量内径、外径、孔深、阶台及中心距等，通过测量达到熟悉游标卡尺结构、掌握游标卡尺的用法，并能快速准确地读出读数的目的。

2. 用千分尺测量。

用千分尺测量外径、长度、厚度等，通过实物测量达到熟悉千分尺结构、掌握千分尺的使用方法，并能快速、准确读出读数的目的。

3. 用万能角度尺测量。

用万能角度尺对不同角度、锥度进行测量，通过测量达到熟悉万能角度尺的结构、不同范围内角度的测量方法，并能快速准确地读出读数的目的。

典型工作任务三　钳工划线知识

◇学习目标◇

1. 认识钳工常用划线工具。
2. 明确划线的作用。
3. 会正确使用平面划线工具。
4. 掌握一般的划线方法。
5. 学会使用万能分度头划线。

◇建议课时◇

8 课时。

◇学习过程◇

学习活动 1　认识钳工常用划线工具
学习活动 2　常见划线方法和过程
学习活动 3　万能分度头划线
学习活动 4　工作总结与评价

◇学习任务描述◇

划线是机械加工中的一道工序，它是根据图样和技术要求，在毛坯或工件上用划线工具划出待加工部位的轮廓线或作为基准的点和线的操作。划线一方面是作为加工的依据，另一方面可以用来检查毛坯形状、尺寸，剔除不合格毛坯，它还可以合理分配工件的加工余量。

◇任务评价◇

序号	学习活动	评价内容					占比
		活动成果（40%）	参与度（10%）	安全生产（20%）	劳动纪律（20%）	工作效率（10%）	
1	认识钳工常用划线工具	划线工具的名称	活动记录	工作记录	教学日志	完成时间	10%
2	常见划线方法和过程	划线方法和过程的掌握情况	活动记录	工作记录	教学日志	完成时间	30%
3	万能分度头划线	万能分度头划线的掌握情况	活动记录	工作记录	教学日志	完成时间	40%
4	工作总结与评价	总体收获	活动记录	工作记录	教学日志	完成时间	20%
总计							100%

学习活动 1　认识钳工常用划线工具

◇学习目标◇

1. 认识钳工常用的划线工具；
2. 各划线工具的正确使用方法和应用场合。

一、学习准备

划线平台、划针、划线盘、刚直尺、90°角尺、划规、游标高度尺、万能角度尺、样冲、垫铁、V 形铁、角铁、方箱和可调千斤顶。

◇学习过程◇

二、常用的划线工具

1. 看图回答下列图中划线工具的名称和应用场合。

工具名称：________________________________

应用场合：________________

工具名称：________________
应用场合：________________

工具名称：________________
应用场合：________________

工具名称：________________
应用场合：________________

工具名称：________________
应用场合：________________

2．什么是划线？划线分为哪些种类？

3．能否直接把毛坯放到平板上划线？为什么？

4．小组讨论记录。

◇温馨提示◇

小组记录需要：记录人、主持人、日期、内容等要素。

学习活动 2　常见划线方法和过程

◇学习目标◇

1．掌握钳工常用划线方法；
2．了解各种划线的过程。

◇学习过程◇

一、学习准备

网络资料查询，钳工培训教材。

二、引导问题

1．划线前要做好哪些准备工作？

2．怎样选择划线基准？

3．划线的作用主要有哪些？

三、实例练习

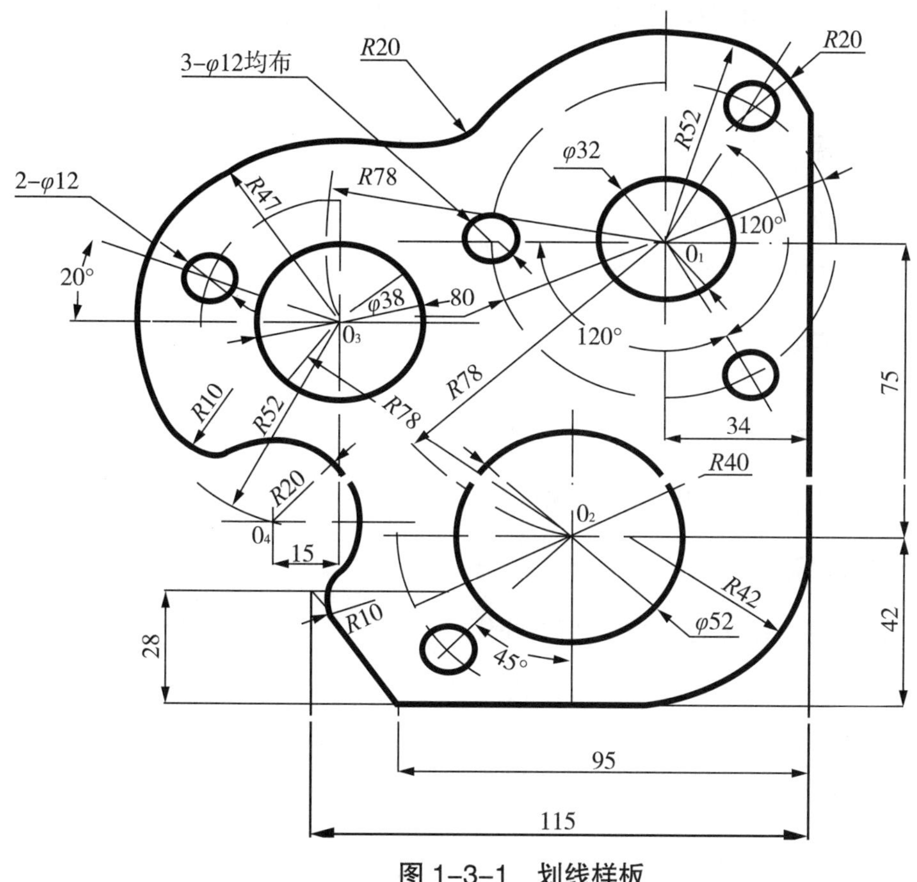

图 1-3-1　划线样板

◇温馨提示◇

小组记录需要：记录人、主持人、日期、内容等要素。

学习活动3　万能分度头线

◇学习目标◇

1. 了解万能分度头的结构。
2. 学会用万能分度头划角度线。

◇学习过程◇

一、学习准备

万能分度头及万能分度头的相关技术资料。

二、引导问题

1. 怎么用简单分度法把一个圆进行7等分？

2. 简述怎么样在分度头上划*R*20的内接正八边形？

3. 简述分度头的保养方法。

学习活动 4　工作总结与评价

◇学习目标◇

1. 能自信地将量具学习的收获分享给其他同学。
2. 对各种划线方法进行总结。

◇学习过程◇

一、学习准备

笔记本，展板。

二、根据任务完成情况填写活动过程评价表

◇评价与分析◇

活动过程评价表

班级：　　　　姓名：　　　　学号：　　　　　　　　年　月　日

评价项目及标准		分数	自我评价（10%）	小组评价（30%）	教师评价（60%）
操作技能	1. 工、量具的正确规范使用	10			
	2. 动手能力强，理论联系实际，善于灵活应用	10			
	3. 任务完成速度	10			
	4. 划线过程是否善于思考总结	10			
	5. 划线的准确性	10			
	6. 划线基准选择是否正确	10			
实习过程	1. 查阅、收集资料情况 2. 任务完成情况 3. 成果展示情况 4. 纪律观念 5. 实训安全文明生产 6. 平时出勤情况	30			

续表

<table>
<tr><th colspan="2">评价项目及标准</th><th>分数</th><th>自我评价（10%）</th><th>小组评价（30%）</th><th>教师评价（60%）</th></tr>
<tr><td>实习过程</td><td>7. 工、量具的整理保养情况
8. “7S” 执行情况</td><td>30</td><td></td><td></td><td></td></tr>
<tr><td>情感态度</td><td>1. 师生互动。
2. 良好的劳动习惯。
3. 组员的交流、合作。
4. 实践动手操作的兴趣、态度、积极性。</td><td>10</td><td></td><td></td><td></td></tr>
<tr><td colspan="2">小计</td><td>100</td><td>_ × 0.1=__</td><td>_ × 0.3=_</td><td>_ × 0.3=_</td></tr>
<tr><td colspan="2">总计</td><td colspan="4"></td></tr>
<tr><td>工件检测得分</td><td colspan="2"></td><td>综合测评得分</td><td colspan="2"></td></tr>
<tr><td>简要评述</td><td colspan="5"></td></tr>
</table>

注：综合测评得分 = 总计 50% + 工件检测得分 50%。

任课教师签字：____________

◇知识链接◇

一、划线简介

根据图样和技术要求，在毛坯或工件上用划线工具划出待加工部位的轮廓线或作为基准的点和线，这项操作叫做划线。

划线有平面划线和立体划线两种。只需在一个平面上划线即能满足加工要求的，称为平面划线；要同时在工件上几个不同方向的表面上划线才能满足加工要求的，称为立体线。

划线的作用如下：

（1）确定工件的加工余量，使加工有明显的尺寸界限；

（2）便于复杂工件在机床上的装夹，可按划线找正定位；

（3）能及时发现和处理不合格毛坯；

（4）当毛坯误差较大时，可通过借料划线的方法进行补救，提高毛坯的合格率。

二、划线工具

（一）划线平台

划线平台（又称划线平板）（见图 1-3-2）是由铸铁毛坯精刨后刮削制成的。其作用是用来安放工件和划线工具的，并在划线平台上完成划线过程。

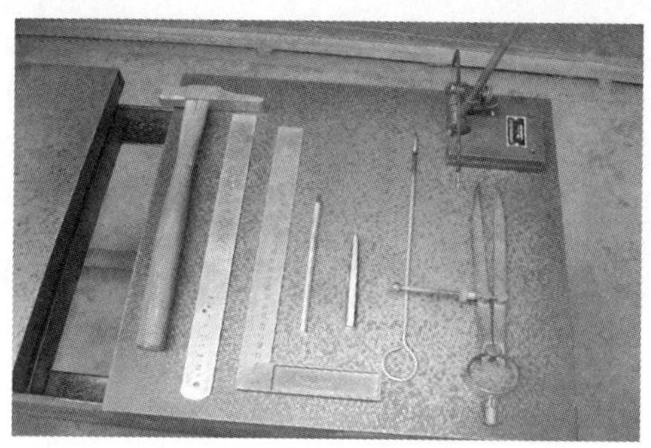

图 1-3-2　划线平台

（二）划针

划针（见图 1-3-3）是直接在毛坯或工件上划线的工具。常用划针通常使用 Φ3 mm~Φ5 mm 的弹簧钢丝或高速钢制成，划针尖部磨成 15°~20°，并经淬火处理提高其硬度和耐磨性，在铸铁和锻件上划线时，常使用尖部焊有硬质合金的划针。使用见图所示。

图 1-3-3　划针

（三）划线盘

划线盘（见图 1-3-4）是直接在工件上划线或找正工件位置的工具。一般情况下，直头用来划线，弯头用来找正工件。

图 1-3-4　划线盘

（四）刚直尺、90° 角尺（见图 1–3–5）

刚直尺既是测量工具也是划线的导向工具。可用来划平行线和垂直线的导向工具，还可用来找正工件在平板上的垂直度和单个平面的平面度。

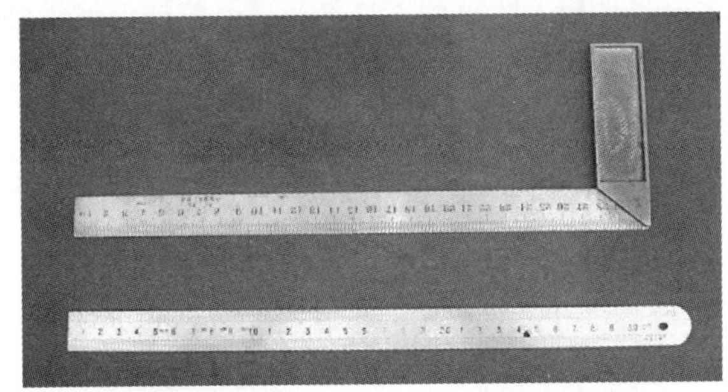

图 1–3–5 刚直尺、90° 角尺

（五）划规

划规（见图 1–3–6）是用来画圆和圆弧、等分线段、等分角度和量取尺寸的工具。

图 1–3–6 划规

（七）游标高度尺

游标高度尺（见图 1–3–7）是比较精密的量具及划线工具。它可用来测量高度，又可以用量爪直接划线。

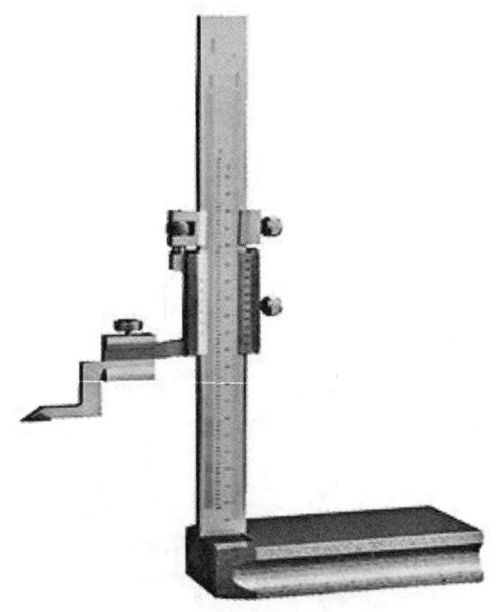

图 1–3–7 游标高度尺

（七）样冲

样冲（见图 1–3–8）用于在工件的加工线上打样冲眼，用于加强加工界限标志、还用于圆弧中心或钻孔时的定位中心打眼。

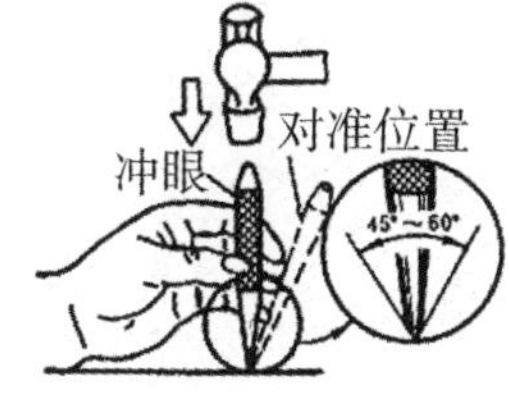

图 1–3–8　样冲

（八）支撑夹持工件的工具

划线时用来支撑、夹持工件的工具有垫铁、V 形铁、角铁、方箱和可调千斤顶，如图 1–3–9 所示。

图 1–3–9　支撑夹持工件的工具

三、划线过程

（一）划线前准备

划线的准备包括对工件或毛坯进行清理、涂色及在工件孔中加装中心塞块等。常用的涂色原料有石灰水和蓝油。

（二）划线基准的选择

在划线时，选择工件上的某个点、线、面作为依据，用它来确定工件各部分的尺寸、几何形状及工件上各要素的相对位置，此依据称为划线基准。

四、万能分度头的使用

分度头（见图 1–3–10）是一种较为精密、准确的等分角度的工具，钳工常用它来进行分度划线。下面我们认识一下分度头的简单分度法，根据分度头的等分原理，我们可以按照以下公式进行分度：

式中：n——分度手柄转数；

z——工件等分数；

40——分度头涡轮齿数。

例：我们要把一个圆柱 6 等分，每等分完一面，分度手柄应转过多少转？

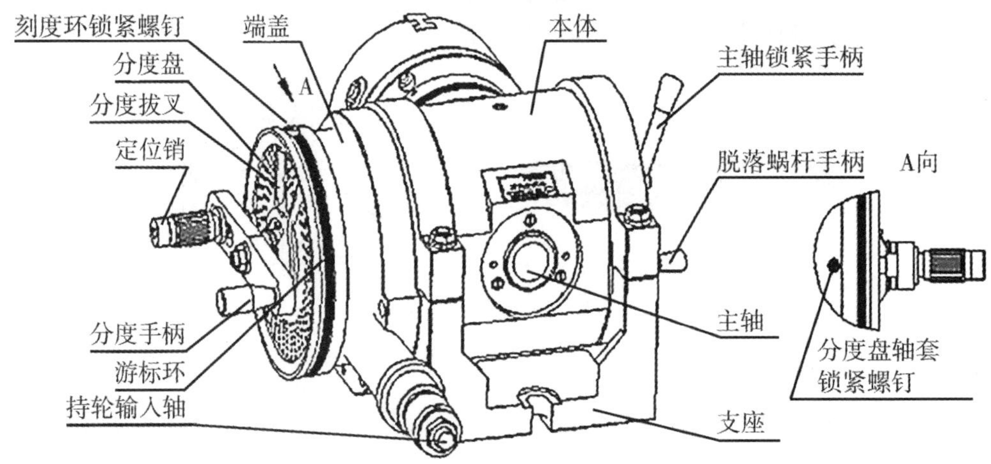

图 1–3–10　分度头

解：$n= 40/6 =6\frac{2}{3}\,r$ 分度时，分度手柄应该转过 $6\frac{2}{3}$ r，$6\frac{2}{3}$ r 是一个非整数转，须借助分度盘来确定。FW250 型分度盘（见图 1–3–11）有两块分度盘，分度盘的正反面都有几圈均匀分布的定位孔，用于非整转数的定位，其孔圈数如下：

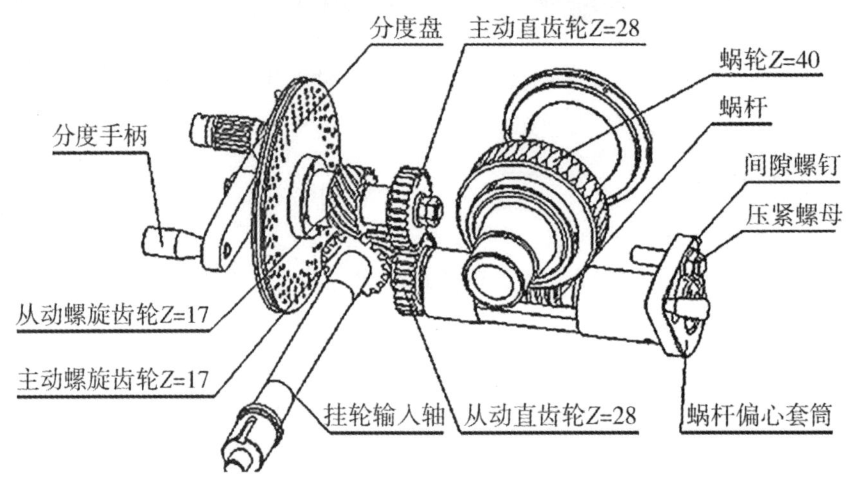

图 1–3–11　FW250 型分度盘

第一块	正面：	24	25	28	30	34	37
	反面：	38	39	41	42	43	
第二块	正面：	46	47	49	51	53	54
	反面：	57	58	59	62	66	

上述中手柄转数 $6\frac{2}{3}$ 转可换为 $6\frac{20}{30}$，$6\frac{26}{39}$，$6\frac{36}{54}$，$6\frac{44}{66}$ 等多种带分数。分度时，按

选择的孔圈数（如 30），在分度头手柄转过 6 转后，再沿着孔圈数转 20 个孔即可。

五、分度头的保养

正确、精心地维护、保养分度头是保持产品精度和延长使用期限的重要保证，正确的维护保养应做到以下几点：

（1）对新购置的分度头，使用前必须将防锈油和一切污垢用干净的擦布浸以煤油擦洗干净，尤其是与机床的结合面更应仔细擦拭。擦拭时不要使煤油浸湿喷漆表面，以免损坏漆面。

（2）在使用、安装，搬运过程中，注意避免碰撞，严禁敲击。尤其注意对定位键块的保护。

（3）分度头出厂时，各有关精度均已调整合适，使用中切勿随意调整，以免破坏原有精度。

（4）分度头的润滑点装有外露油杯，蜗轮蜗杆副的润滑靠分度头顶部丝堵松开后注入油。每班工作前各润滑点注入清洁 20 号机油。在使用挂轮时，对齿面及轴套间应注入润滑油。

典型工作任务四　锯削、锉削基本功训练

◇学习目标◇

1. 掌握锉削和锯削的基本操作方法和操作要领。

2. 掌握各种平面、曲面的锉削技能，能达到相应的锉削精度（尺寸精度、形状位置精度及表面粗糙度值）。

3. 能对各种型材进行正确的锯削加工，并达到相应的锯削精度。

4. 能分析锯条损坏的原因。

5. 能正确使用各种量具检验工件的尺寸、形位公差。

6. 掌握锉刀的基本种类、使用方法和保养常识。

7. 掌握锉削和锯削安全操作知识，严格按照“7S”进行实训，养成良好文明的生产习惯。

◇建议课时◇

46 课时。

◇学习过程◇

学习活动 1　锯削和锉削知识学习

学习活动 2　锯、锉训练

学习活动 3　工作总结与评价

◇学习任务描述◇

企业要求职业院校学生有较强的动手能力，并能加工出优质零件，这就需要我们的学生从基础开始，打好基本功。

学生在接受加工任务后，查阅信息单，做好加工前的准备工作，包括查阅锉削及锯削工艺知识，工量具使用及保养方法，并做好安全防护措施。加工过程中对设备的操作应正确、规范，工具、量具、夹具及刃具摆放应规范整齐，工作场地保持清洁；严格遵守钳工操作及设备安全操作规程进行操作，养成安全文明生产的良好职业习惯。

◇任务评价◇

序号	学习活动	评价内容					占比
		活动成果（40%）	参与度（10%）	安全生产（20%）	劳动纪律（20%）	工作效率（10%）	
1	接受任务，看懂分析图样，编制加工工艺卡	查阅信息单	活动记录	工作记录	教学日志	完成时间	10%
2	清理加工的工量刃具及设备	工、量具、设备清单	活动记录	工作记录	教学日志	完成时间	20%
3	加工基准面	锉刀和刀口角尺的正确使用	活动记录	工作记录	教学日志	完成时间	40%
4	划线及锯削	高度尺和锯弓的正确使用	活动记录	工作记录	教学日志	完成时间	20%
5	锉削及质量检测	游标卡尺、千分尺、刀口尺的正确使用	活动记录	工作记录	教学日志	完成时间	10%
6	课题小结	总结	活动记录	工作记录	教学日志	完成时间	
总计							100%

学习活动 1　锉削和锯削知识学习

◇学习目标◇

能通过查询网络资料和专业书籍获取相关锉削和锯削的工艺知识。

◇学习过程◇

一、学习准备

任务书、教材。

二、引导问题

加工图纸如图 1-4-1 所示

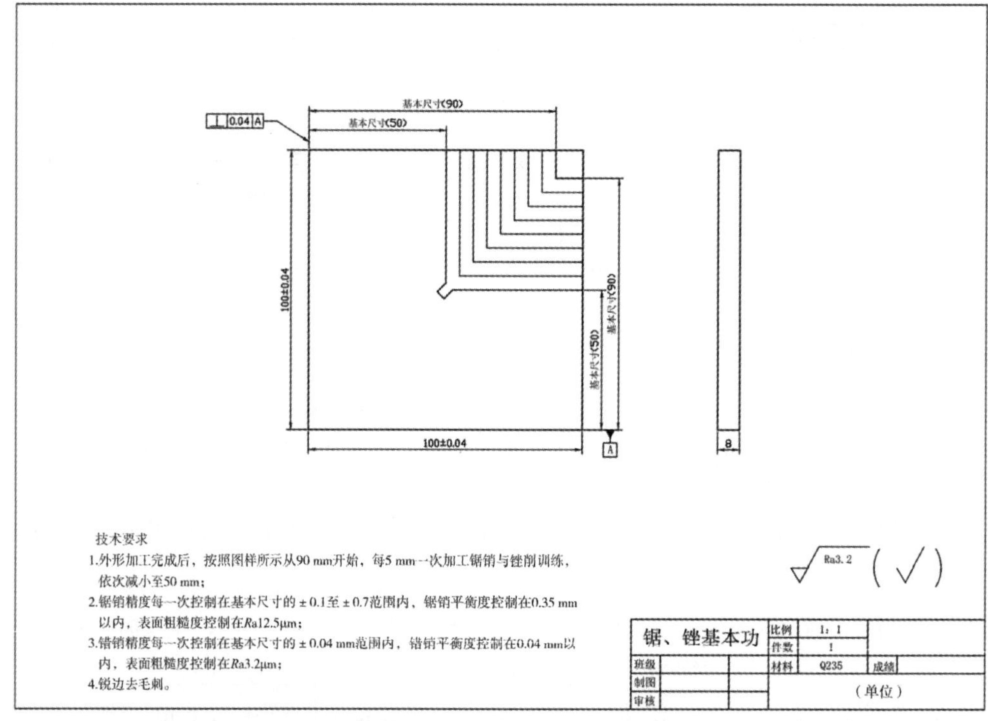

图 1-4-1　加工图纸

1．锉刀分为哪几类？在锉削中，如何正确选用锉刀进行加工？

2．如何正确应用锉刀和量具加工工件的基准面？

3．如何锉削平面、圆弧面？

4. 锉削的安全操作要领是什么？

5. 根据你的分析，安排工作进度，完成下表。

序号	开始时间	结束时间	工作内容	工作要求	备注

◇温馨提示◇

小组记录需要：记录人、主持人、日期、内容等要素。

学习活动 2　锯、锉训练

◇学习目标◇

1. 能按照合理的工艺要求和顺序进行加工。
2. 能达到规定的锉削精度（尺寸精度、形状位置精度及表面粗糙度值）。

◇学习过程◇

一、学习准备

图纸、刀具、刃具、工具、量具。

二、引导问题

1. 如何对材料进行测量检查，避免材料缺陷影响后续加工?

2. 先请同学主动思考和分析加工工艺和顺序，教师再进行补充讲解。

3. 能对自己加工的工件进行分析总结?

4．评分表。

姓名	检测项目	外形 100 ± 0.04 mm × 100 ± 0.04 mm	锯削①	锉削①	锯削②	锉削②	锯削③	锉削③	锯削④	锉削④	锯削⑤	锉削⑤	总分
	配分	10 分	9 分	9 分	9 分	9 分	9 分	9 分	9 分	9 分	9 分	9 分	100 分

5．编写出锯锉练习工艺卡片。

工序	操作内容	精度检测	使用工具

◇评价与分析◇

活动过程评价表

班级：　　　　姓名：　　　　学号：　　　　　　年　月　日

评价项目及标准		分数	自我评价（10%）	小组评价（30%）	教师评价（60%）
操作技能	1. 检测工、量具的正确规范使用	10			
	2. 动手能力强，理论联系实际善于灵活应用	10			
	3. 检测的速度	10			
	4. 熟悉质量分析、结合实际，提高自身综合实践能力	10			
	5. 检测的准确性	10			
	6. 通过检测，能对加工工艺合理性分析	10			
实习过程	1. 查阅、收集资料情况 2. 任务完成情况 3. 成果展示情况 4. 纪律观念 5. 实训安全操作 6. 检测工件规范情况 7. 平时出勤情况 8. 检测完成质量 9. 检测的速度与准确性 10. 每天对工量具的整理保管及场地卫生清扫情况	30			
情感态度	1. 师生互动 2. 良好的劳动习惯 3. 组员的交流、合作 4. 实践动手操作的兴趣、态度、积极性	10			
小计		100	_ ×0.1=_	_ ×0.3=_	_ ×0.3=_
总计					
工件检测得分		综合测评得分			
简要评述					

注：综合测评得分 = 总计 50% + 工件检测得分 50%。

任课教师签字：________________

学习活动3　工作总结与评价

◇学习目标◇

1．能清晰合理的撰写总结。
2．能有效进行工作反馈与经验交流。

◇学习过程◇

一、学习准备

任务书、数据的对比分析结果。

二、引导问题

1．通过实际操作，总结操作过程中涉及的理论知识、操作技能，思考和分析如何更好地实现理论知识与操作技能的融会贯通。

2．通过评分表对自己加工的工件进行检测，对操作过程中如何提高操作水平进行复习和总结。

◇知识链接◇

一、锉削

锉削的加工范围很广，它可以加工工件的内外平面、内外曲面，内外角、沟槽以及各种复杂形状的表面。虽然现代化技术迅猛发展，但是锉削仍可用来对装配过程中，个别零件进行休整、修理，可用来对装配过程中小批量生产条件下某些复杂形状的零件进行加工以及用来对模具进行制作等。

二、锉刀的基本知识

（一）锉刀的基本结构

图 1-4-2 为锉刀的基本结构。

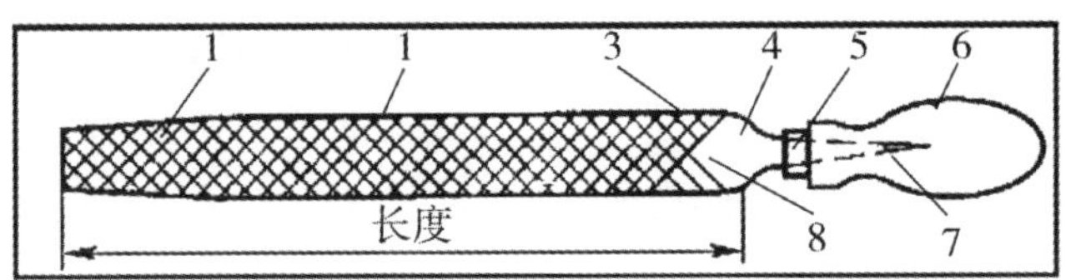

1—锉刀面；2—锉刀边；3—底齿；4—锉刀尾巴；5—固定环；6—锉柄；7—舌；8—面齿

图 1-4-2　锉刀的基本结构

（二）锉刀的锉纹

锉刀的锉纹如图 1-4-3 所示。

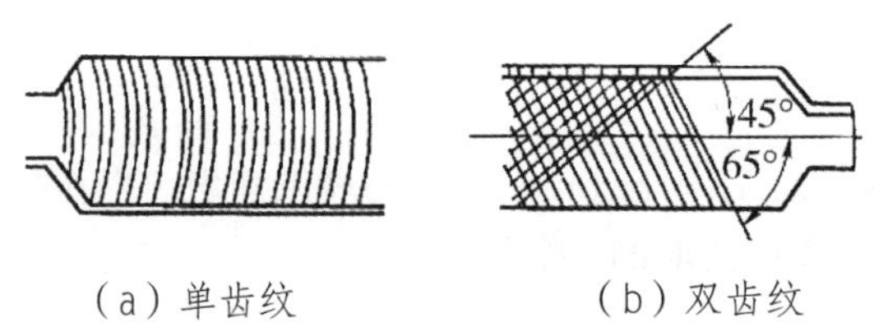

（a）单齿纹　　（b）双齿纹

图 1-4-3　锉刀的锉纹

（三）普通钳工锉的分类

普通钳工锉及其适宜加工的表面如图 1-4-4 所示。

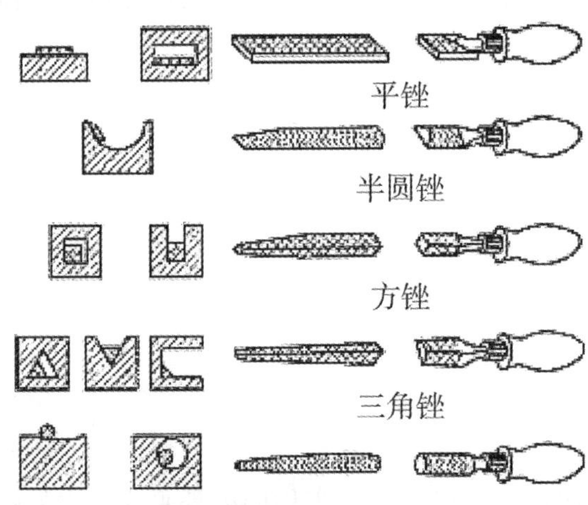

图 1-4-4　普通钳工锉及其适宜加工的表面

（四）锉刀的握法

锉刀的握法如图 1–4–5 所示。

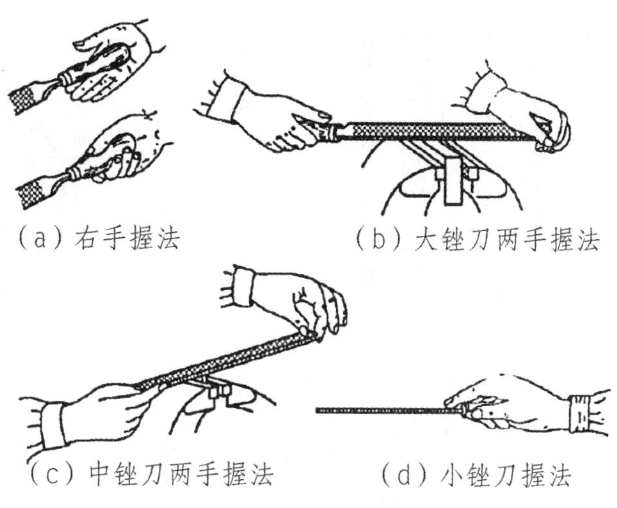

图 1–4–5　锉刀的握法

（五）锉削力的控制

锉削前进时，左手所加的压力由大逐渐减小，而右手的压力由小逐渐增大，回程时不加力，如图 1–4–6 所示。

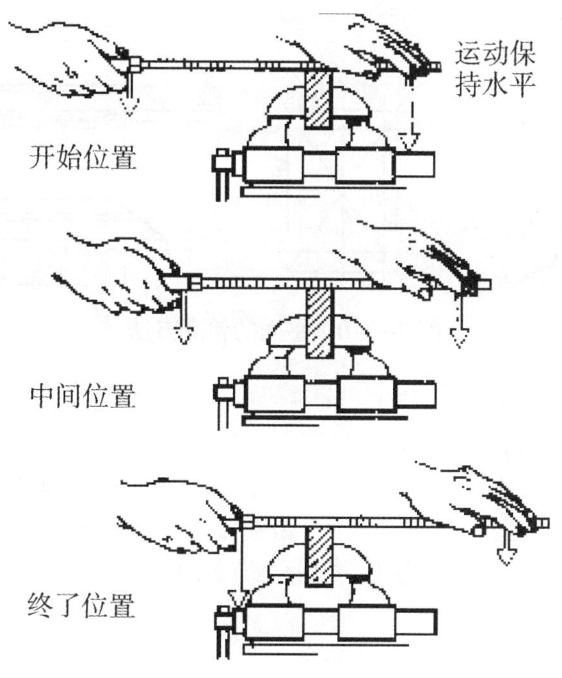

图 1–4–6　锉销力的控制

（六）平面的锉削方法

平面的锉削方法如图 1–4–7 所示。

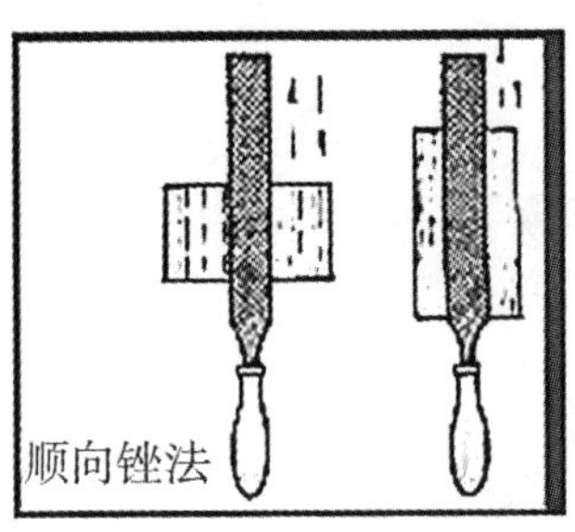

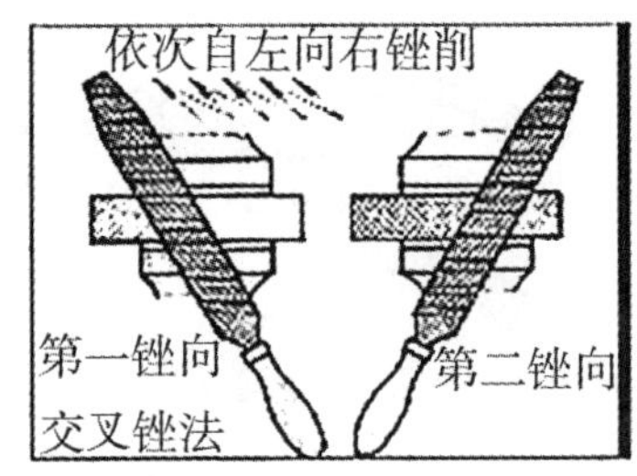

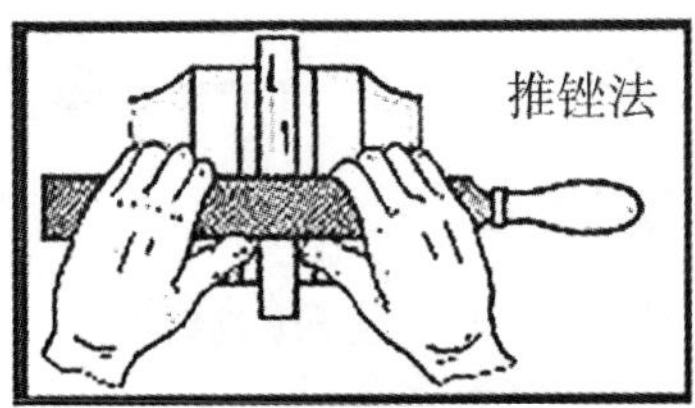

图 1–4–7　平面的锉削方法

（七）平面的检测方法

平面的检测方法如图 1–4–8 所示。

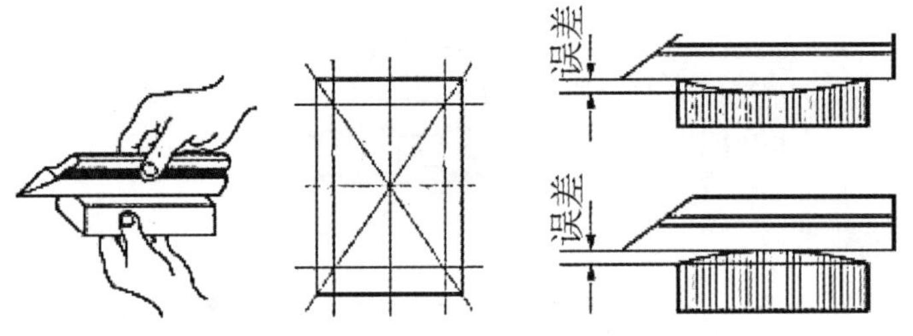

图 1–4–8　平面的检测方法

（八）外圆弧的锉削

图 1–4–9 为外圆弧的锉削方法。锉刀做前进运动过的同时绕工件的圆弧中心做上下摆动，右手下压的同时左手上提。这种方法适用于精锉外圆弧面。

锉刀作直线推进的同时绕圆弧面中心做圆弧摆动，待圆弧面接近尺寸时，再用顺着圆弧面锉削的方法精锉成形。这种方法适用于圆弧面的粗加工。

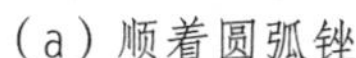
（a）顺着圆弧锉

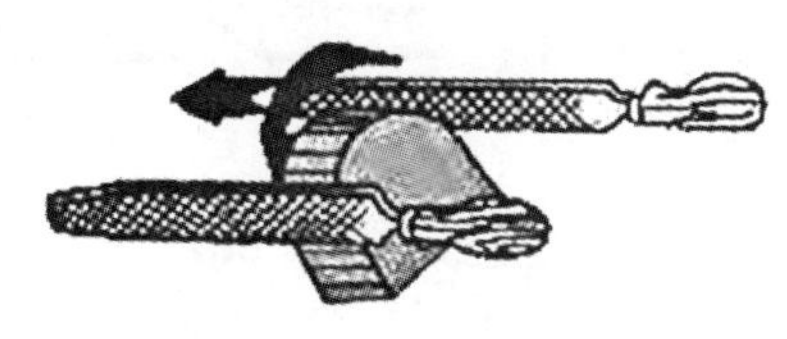
（b）对着圆弧锉

图 1–4–9　外圆弧的锉削

（九）内圆弧的锉削

锉削时锉刀要完成三个运动：前进运动、顺圆弧面向左或向右移动、绕锉刀中心线转动。只有三个运动协调完成，才能锉好内圆弧面。

（十）锉削时安全文明生产

（1）不使用无木柄或裂柄锉刀锉削工件，锉刀柄应装紧，防止手柄脱出后，锉舌把手刺伤。

（2）锉工件时，不可用嘴吹铁屑，防止铁屑飞入眼内。也不可用手去清除铁屑，应用刷子扫除。

（3）放置锉刀时，不能将其一端露在钳工台外面，防止锉刀跌落而把脚扎伤。

（4）锉削时，不可用手触摸被锉过的工件表面，因手有油污，会使锉削时锉刀打滑或毛刺扎到手而造成事故。

图 1–4–10　锯销

三、锯削

用手锯对材料或工件进行分割或锯槽等加工的方法称为锯销，如图 1–4–10 所示。其适用于较小材料或工件的加工，如将材料锯断、锯掉工件上的多余部分、在工件上锯槽等。

（一）手锯的组成

手锯由锯弓和锯条组成。

（二）锯路

锯条制造时，将全部锯齿按一定规律左右错开，并排成一定的形状，称为锯路。

作用：减小锯缝对锯条的摩擦，使锯条在锯削时不被锯缝夹住或折断。

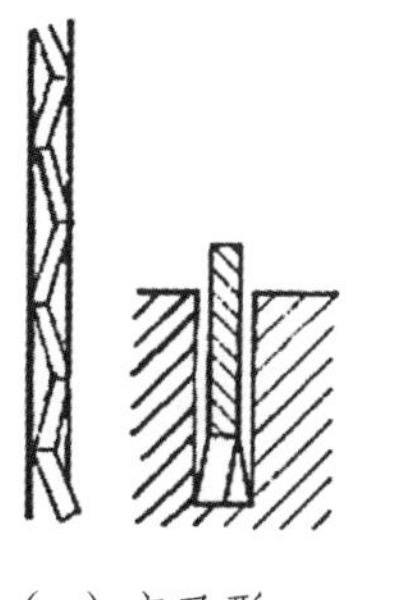
（a）交叉形

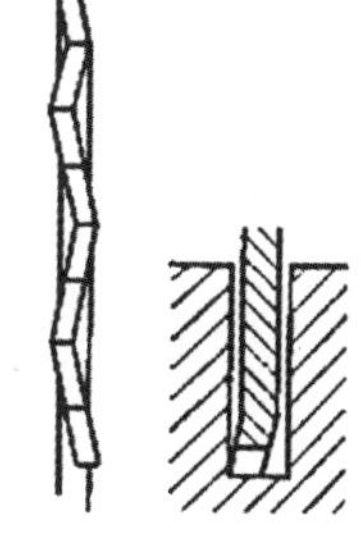
（a）波浪形

图 1–4–11　锯路

（三）锯削的应用

图 1–4–12 为锯削的应用。

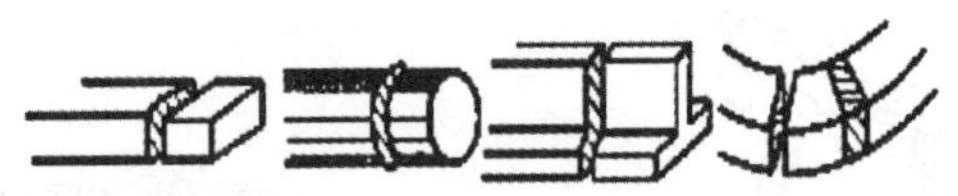

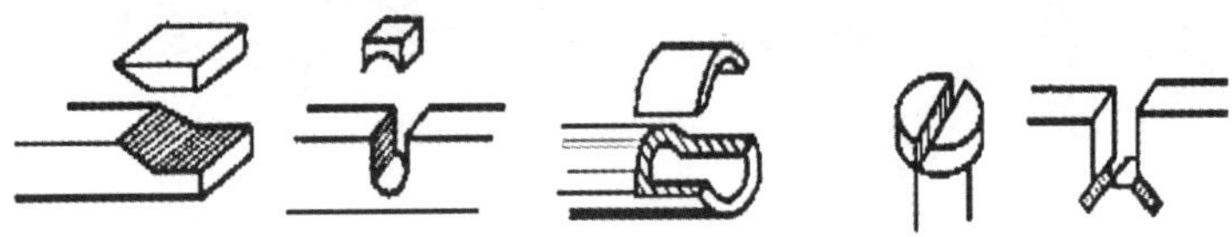

图 1-4-12　锯销的应用

（四）锯削的姿势

锯削的速度为 40 次 / 分，推进时稍慢，压力适当，保持匀速；回程时不施加压力，速度稍快，图 1-4-13 为锯削的姿势。

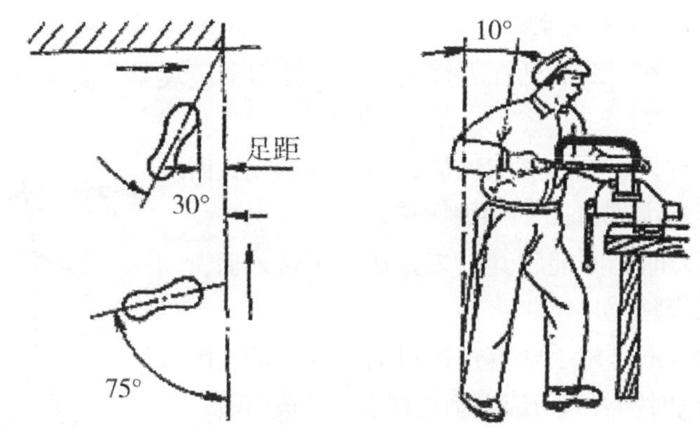

图 1-4-13　锯销的姿势

（五）起锯方法

起锯方法如图 1-4-14 所示。

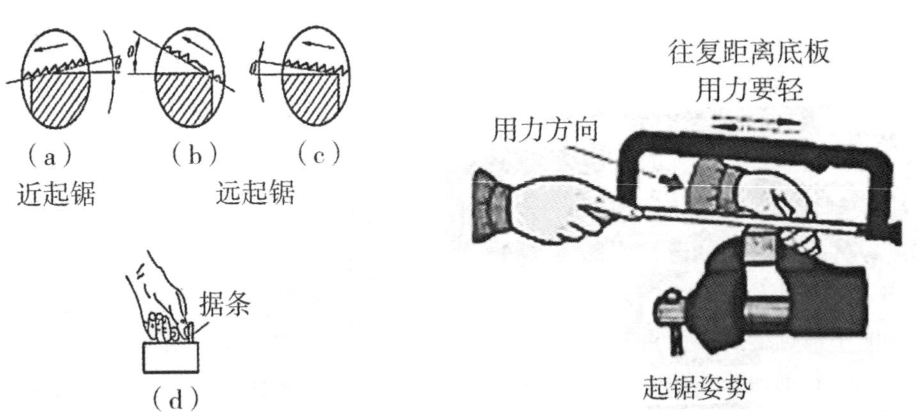

图 1-4-14　起锯方法

（六）薄壁管子的锯削

薄壁管子的锯削如图 1–4–15 所示。

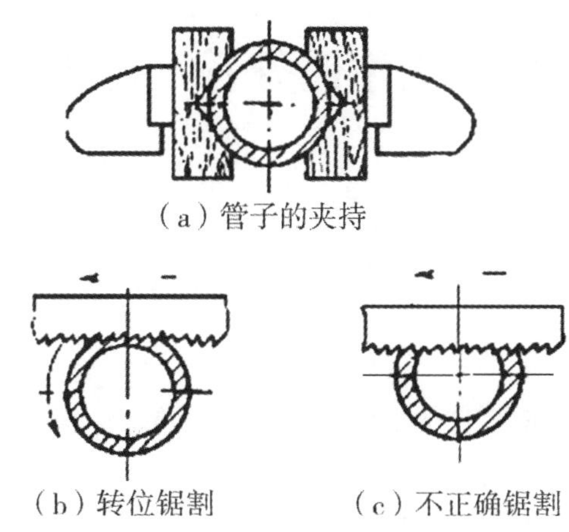

（a）管子的夹持

（b）转位锯割　（c）不正确锯割

图 1–4–15　薄壁管子的锯削

（七）薄板料的锯削

薄板料的锯削如图 1–4–16 所示。

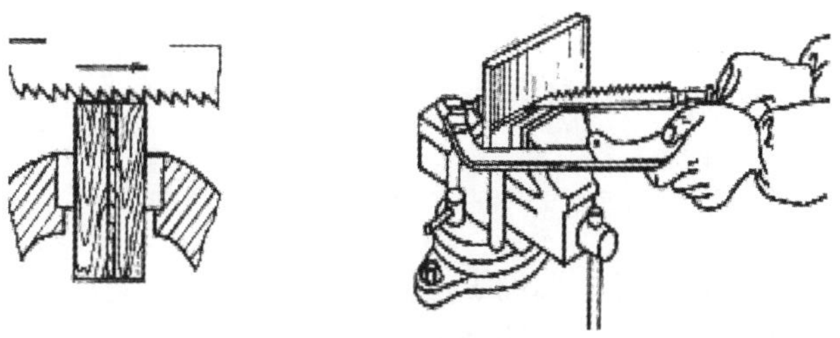

图 1–4–16　薄板料的锯削

（八）深缝锯削

深缝锯削如图 1–4–17 所示。

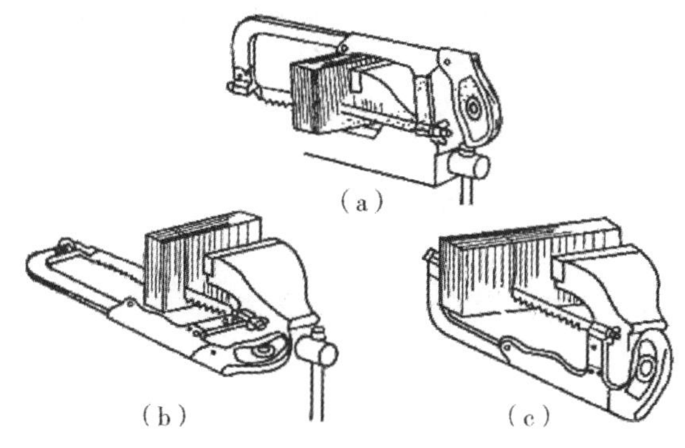

（a）　（b）　（c）

图 1–4–17　深缝锯削

典型工作任务五　孔加工

◇学习目标◇

1．读图、识图，获取零件的形状、尺寸、公差等信息。
2．能按照图形要求进行划线。
3．能掌握各种钻头的用途及使用方法。
4．能规范使用钻床对孔进行加工，并按要求保养钻床。
5．能按照“7S”生产要求，做到安全文明生产。

◇建议课时◇

24 课时。

◇学习过程◇

学习活动 1　接受工作任务，明确工样要求
学习活动 2　明确加工步骤和方法制定工艺卡
学习活动 3　孔加工实训操作

◇学习任务描述◇

应厂方要求，我们为其一批小型变速箱端盖进行孔加工，乙方要求按照图纸要求完成。

学习活动 1　接受工作任务、明确工样要求

◇学习目标◇

1. 运用制图知识，完成读图，获取零件的形状、尺寸、公差等信息。
2. 能应用网络资料和专业书籍，查阅零件所用材料、用途、性能与分类等。

◇学习过程◇

一、学习准备

分小组领取生产任务单并签字确认，组长带领下完成以下项目：

1. 按合适的比例，每位同学绘制一份图纸，方便生产。
2. 读懂图纸（见图 1–5–1），并表述出零件的形状、尺寸、公差等信息及意义。

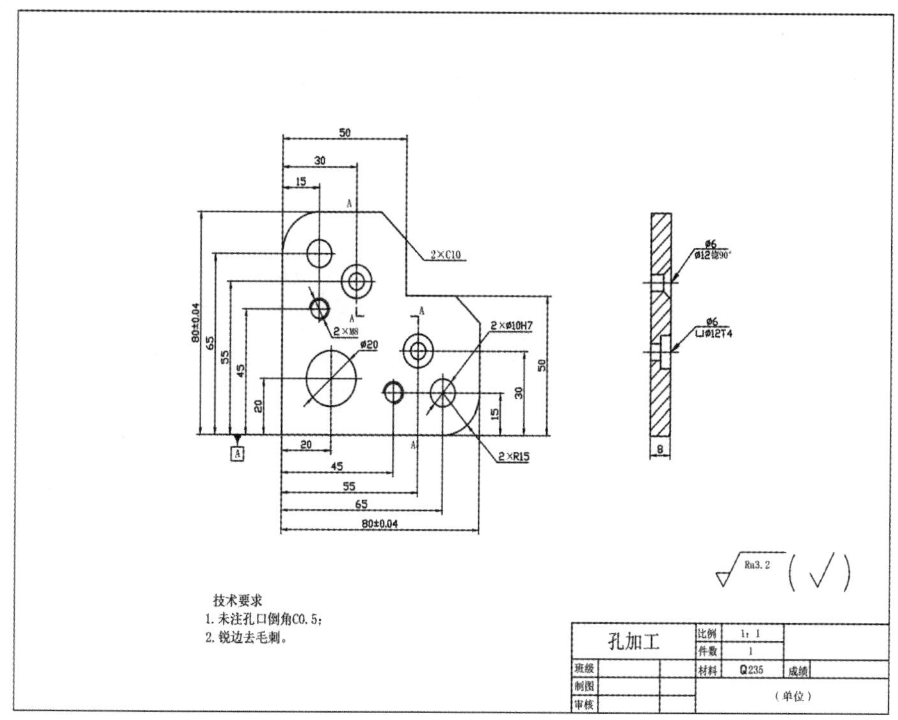

图 1–5–1　图纸

二、引导问题

1. 简述麻花钻的基本分类和结构。

2. 简述钻床的安全操作规程。

3. 简述钻床的转速计算方法。

学习活动 2　明确加工步骤和方法制定工艺卡

◇学习目标◇

1. 结合工厂生产要求，了解钻床的特性、使用方法以及保养方法。
2. 了解钻头的种类和使用方法。
3. 学会文明生产。

◇学习过程◇

1. 各小组阅读生产任务图纸，明确工作任务。

<table>
<tr><th colspan="9">孔加工工艺卡　组别（　　　　）</th></tr>
<tr><td colspan="2" rowspan="2">学习目标</td><td>组长</td><td></td><td rowspan="2">成员</td><td></td><td></td><td></td><td></td></tr>
<tr><td>毛坯尺寸</td><td></td><td></td><td></td><td></td><td></td></tr>
<tr><td>工序</td><td>工序内容</td><td>设备和工具</td><td>量具</td><td colspan="3">加工步骤及计算方法</td><td colspan="2">安全事项</td></tr>
<tr><td>1</td><td>外形尺寸 800.04 mm</td><td></td><td></td><td colspan="3"></td><td colspan="2"></td></tr>
<tr><td>2</td><td>2–R15 mm</td><td></td><td></td><td colspan="3"></td><td colspan="2"></td></tr>
<tr><td>3</td><td>2Φ10H7</td><td></td><td></td><td colspan="3"></td><td colspan="2"></td></tr>
<tr><td>4</td><td>Φ20</td><td></td><td></td><td colspan="3"></td><td colspan="2"></td></tr>
<tr><td>5</td><td>2M8</td><td></td><td></td><td colspan="3"></td><td colspan="2"></td></tr>
<tr><td>6</td><td>2–Φ6</td><td></td><td></td><td colspan="3"></td><td colspan="2"></td></tr>
<tr><td>7</td><td>Φ12 锪 90°</td><td></td><td></td><td colspan="3"></td><td colspan="2"></td></tr>
<tr><td>8</td><td>Φ12T4</td><td></td><td></td><td colspan="3"></td><td colspan="2"></td></tr>
<tr><td>9</td><td>2–C10</td><td></td><td></td><td colspan="3"></td><td colspan="2"></td></tr>
<tr><td>10</td><td>未注孔口倒角 C0.5</td><td></td><td></td><td colspan="3"></td><td colspan="2"></td></tr>
</table>

学习活动3　孔加工实训操作

◇学习目标◇

1. 理论结合实际，锻炼动手能力。
2. 充分发扬团队合作精神。
3. 做到安全文明生产。

◇学习过程◇

1. 在安全文明的情况下进行操作，在老师的示范后正行划线。
2. 经老师示范后，一人一机进行钻孔，学生相互检验质量。
3. 各小组相互合作，圆满完成任务。

序号	项目技术要求	配分	评分标准	自评 10%	互评 30%	教师评分 60%	得分
1	80 ± 0.04 mm	10	超差不得分				
2	65 ± 0.04 mm	10	超差不得分				
3	50 ± 0.08 mm（2 处）	10	超差每处扣 5 分				
4	45 ± 0.08 mm（2 处）	10	超差每处扣 5 分				
5	Φ40 ± 0.1 mm	10	超差不得分				
6	Φ6–Φ12（2 外）	16	不同心 1 处扣 2 分，螺丝检测，孔不齐平 1 处扣 2 分				
7	2–M8	10	螺丝检测与端面不垂直 1 处扣 5 分				
8	2–Φ10H7	10	孔内表面不光滑 1 处扣 5 分				
9	各孔分布		孔加工位置有误 1 处扣 10 分				
10	锐边处理	4	2 处以上不处理锐边不得分				
11	安全文明生产	10	酌情扣分				
	合计						

◇评价与分析◇

活动过程评价表

班级：　　　　姓名：　　　　学号：　　　　　　年　　月　　日

评价项目及标准		分数	自我评价（10%）	小组评价（30%）	教师评价（60%）
操作技能	1. 检测工量具的正确规范使用	10			
	2. 动手能力强，理论联系实际，善于灵活应用	10			
	3. 检测的速度	10			
	4. 熟悉质量分析、结合实际，提高自身综合实践能力	10			
	5. 检测的准确性	10			
	6. 通过检测，能对加工工艺进行合理性分析	10			
实习过程	1. 查阅、收集资料情况 2. 任务完成情况 3. 成果展示情况 4. 纪律观念 5. 实训安全操作 6. 检测工件规范情况 7. 平时出勤情况 8. 检测完成质量 9. 检测的速度与准确性 10. 每天对工、量具的整理、保管及场地卫生清扫情况	30			
情感态度	1. 师生互动 2. 良好的劳动习惯 3. 组员的交流、合作 4. 实践动手操作的兴趣、态度、积极性	10			
小计		100	_×0.1=_	_×0.3=_	_×0.3=_
总计					
工件检测得分		综合测评得分			
简要评述					

注：综合测评得分 = 总计 50% + 工件检测得分 50%。

任课教师签字：____________________

◇知识链接◇

钻 孔

钳工的钻孔方法与生产的规模有关：大批生产时，借助于夹具保证加工位置的正确性；小批或单件生产时，只要借助于划线来保证其加工位置的正确。

一、钻削运动分析

图 1–5–2 为钻削运动分析。

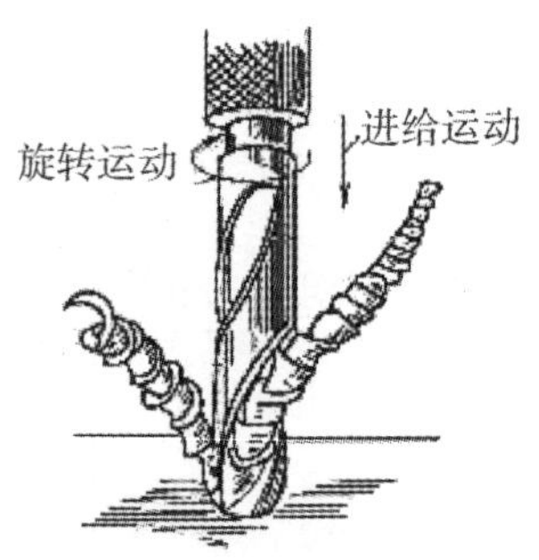

图 1–5–2 钻销运动分析

二、麻花钻的组成

图 1–5–3 为麻花钻的组成。

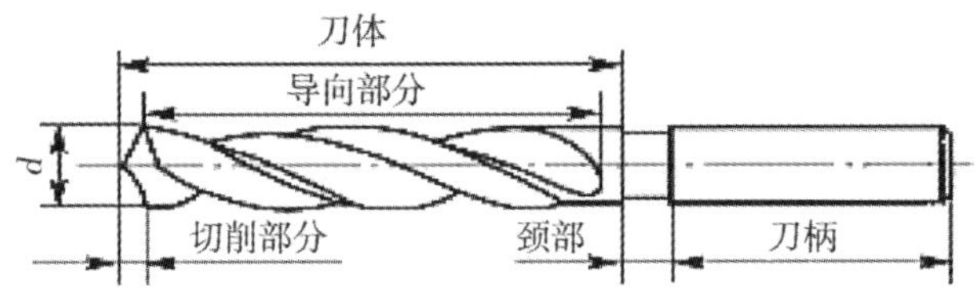

（a）直柄麻花钻

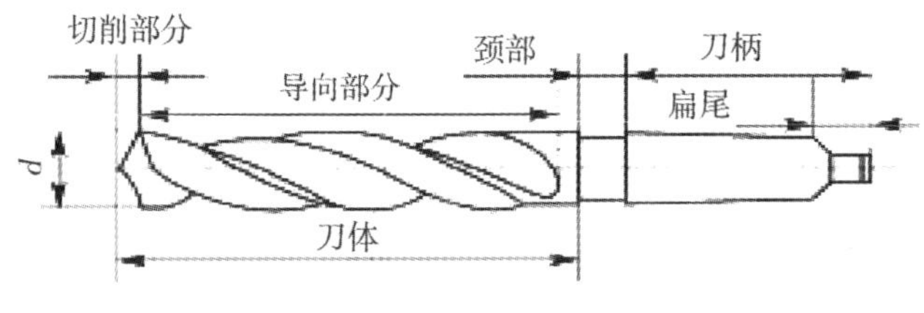

（b）锥柄麻花钻

图 1–5–3 麻花钻的组成

三、麻花钻的基本结构

图 1–5–4 麻花钻的基本结构。

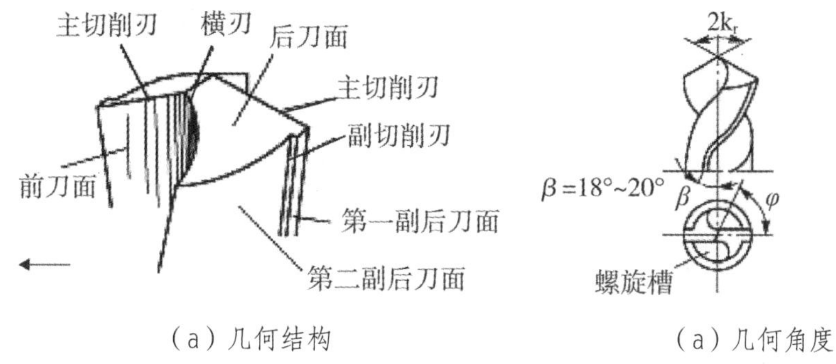

（a）几何结构　　（a）几何角度

图 1–5–4　麻花钻的基本结构

四、钻头的装夹

钻头的装夹如图 1–5–5 所示。

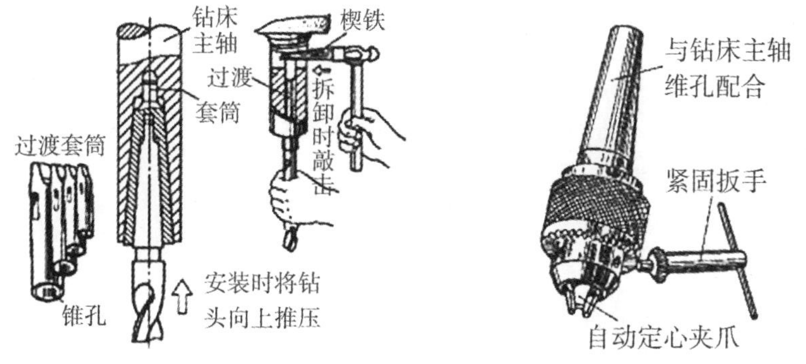

图 1–5–5　钻头的装夹

五、钻床转速的选择和计算

选择钻床转速时，要先确定钻头的允许切削速度 v。用高速钢钻头钻铸铁时，v=14–22 m/min；钻钢件时，v=16–24 m/min；钻青铜时，v=30–60 m/min。当工件材料的硬度较高时取小值（铸铁以 HB=200 为中值，钢以 6 b=700 MPa 为中值）；钻头直径小时也取小值（以 d=16 mm 为中值）；钻孔深度 $L > 3d$ 时，还应将取值乘以 0.7~0.8 的修正系数。求出钻床转速 n。

$$n = \frac{1000v}{\pi d}\ (\text{r/min})$$

式中：v——切削速度，m/min；

d——钻头直径，mm。

典型工作任务六　角度样板制作

◇学习目标◇

1．能正确识读角度样板的零件加工和装配图，并表述出零件的形状、尺寸、表面粗糙度、公差等信息的含义。

2．掌握具有对称度要求的配合件的划线、加工方法。

3．能正确、熟练地使用量具，并做好保养工作。

4．能分析和处理在锉配中出现的问题，并能达到锉配的精度。

5．进一步熟练掌握锉、锯、钻的技能，并达到一定的加工精度要求。

◇建议课时◇

36 课时。

◇学习过程◇

学习活动 1　接受任务，制定加工计划

学习活动 2　加工前准备

学习活动 3　角度样板的制作

学习活动 4　产品质量检测及误差分析

学习活动 5　工作小结

◇学习任务描述◇

车间承接了一批角度样板制作订单，工期为 10 天，现已下发到钳工组，并要求钳工工作人员在接受生产任务后，按图样要求加工制作，入库待交付使用。

学习活动 1　接受任务，制定加工计划

◇学习目标◇

1. 能按照规定领取工作任务。

2. 能识读角度样板的三视图和装配图，并说出角度样板的形状、尺寸、表面粗糙度、公差、材料等信息的含义。

◇学习过程◇

一、学习准备

角度样板加工图样、任务书、学材。

二、引导问题

1. 根据加工图样，明确零件名称、制作材料、零件数量、完成时间。

零件名称：____________________　制作材料：____________________

零件数量：____________________　完成时间：____________________

2. 识读角度样板加工图样，明确加工要求。

（1）锉配时，由于工件的外表面比内表面容易加工和测量，易于达到较高精度，故一般应先加工________件，然后锉配________件。

（2）加工内表面时，为了便于控制尺寸，一般均应选择有关表面作为测量基准，因此加工外形基准面时必须达到较______的精度要求，才能保证规定的锉配精度。

（3）在作配合修锉时，可通过____________法和____________法来确定其修锉部位和余量，逐步达到正确的配合要求。

（4）图 1–6–1 中对称度公差符号为__________，其含义为____________尺寸对尺寸中心线的________误差值为________。

3. 分组学习各项操作规程和规章制度，小组摘录要点做好学习记录。

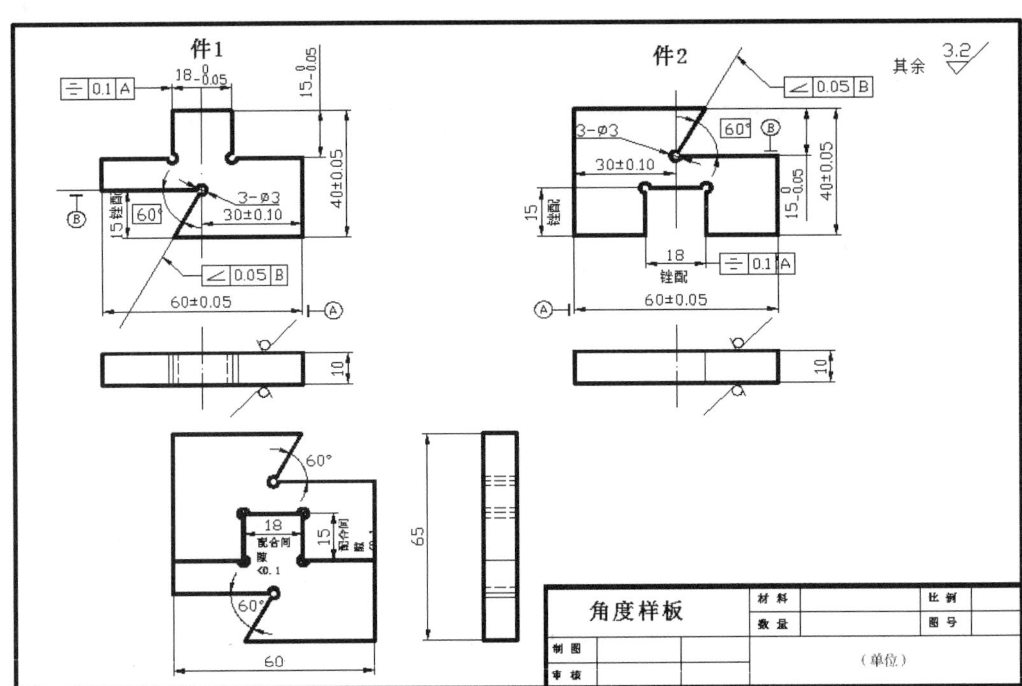
件1
件2
其余 3.2
18-0.05
15-0.05
40±0.05
3-φ3
30±0.10
60°
0.1 A
0.05 B
15 锉配
60±0.05
10
18
锉配
15
60
65
配合间隙≤0.1
角度样板
材料
比例
数量
图号
制图
审核
（单位）

图 1-6-1 角度样板图纸

学习活动 2　加工前准备

◇学习目标◇

1. 能通过小组讨论制定角度样板加工工艺。
2. 能独立填写零件加工工艺卡。
3. 能认知角度样板加工过程中所需的工具、量具及设备。

◇学习过程◇

一、分小组讨论，编制角度样板的加工工艺

1. 零件外形加工完成后，划线时应选用几个基准面划线？能不能调头划线？为什么？

2. 在加工角度样板凹凸配合部分时，应先加工哪一个零件？为什么？

3. 在加工角度样板 60° 角时，应先加工哪一个零件？为什么？

4. 在加工 60° 角时，应如何保证 60° 角两边的位置度？为什么？

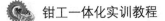

二、根据以下加工步骤示意图，填表说明加工角度样板的工序及步骤。

1．材料准备。

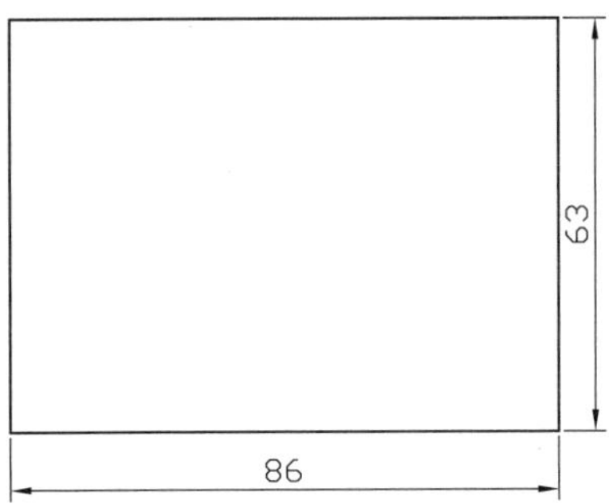

2．加工外形并划线。

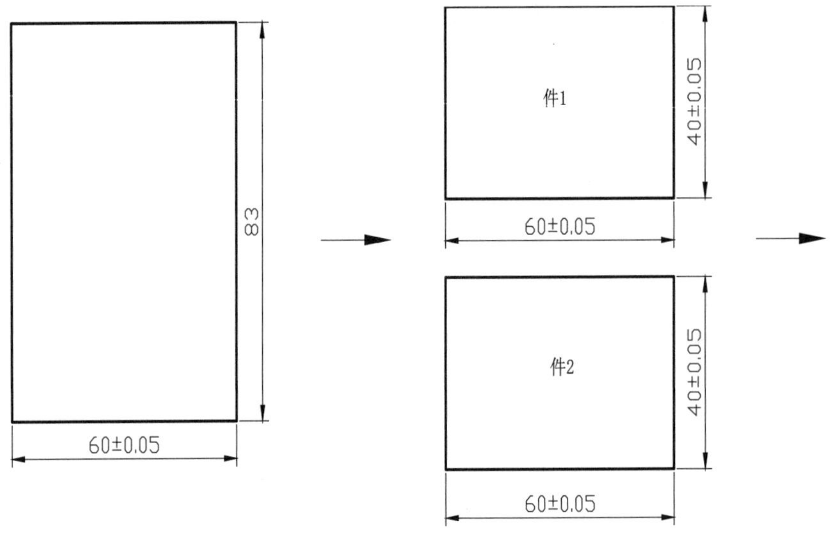

3．加工步骤。

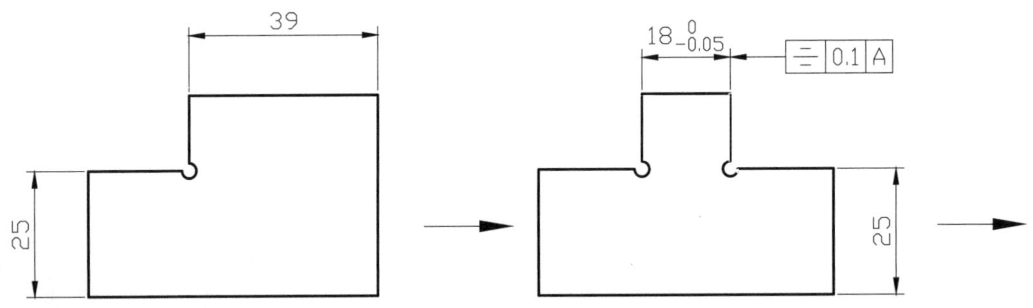

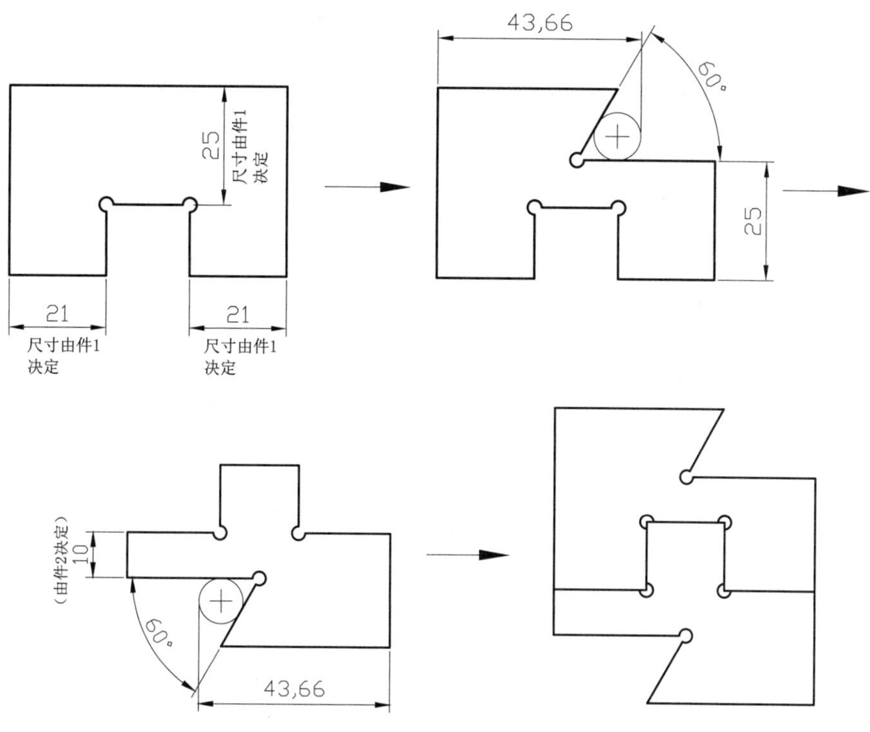

4．说明工序，并完成下表

工序	工步	加工内容

学习活动 3　角度样板的制作

◇学习目标◇

1. 能安全使用钻床进行工艺孔、排孔以及所需孔加工的操作。
2. 能按图样要求进行加工，并保证尺寸公差要求。
3. 能按图样要求进行加工，并保证形位公差要求。
4. 加工过程中能够正确选用工量具。
5. 能按现场“7S”管理的要求清理现场。

◇学习过程◇

一、领料

各小组从指导老师处领取毛坯并检查是否满足备料要求。

二、引导问题

1. 划线时应如何选用划线基准?

2. 如何测量并保证角度样板凸凹部分的对称度?

3. 如何使用测量棒来检验 60° 角两边的位置度?

学习活动 4　产品质量检测及误差分析

◇评价与分析◇

1. 分组交叉检测角度样板是否合格。

序号	项目	配分	检查内容	评分标准	检测记录	扣分	得分
1	锉削	5	40 ± 0.05 mm	超差不得分			
		5	60 ± 0.05 mm	超差不得分			
		8	$18^{0}_{-0.05}$ mm	超差不得分			
		10	$15^{0}_{-0.05}$ mm	超差不得分			
		10	30 ± 0.10 mm	超差不得分			
		8	60° ∠ 0.05 B	超差不得分			
		6	三 0.1 A	超差不得分			
		8	*Ra*3.2 μm	超差不得分			
2	配合	30	配合间隙＜ 0.1 mm	超差 0.02 mm 扣 5 分，超差＞ 0.03 mm 不得分			
		10	错位量＜ 0.1 mm	超差 0.02 mm 扣 5 分，超差＞ 0.03 mm 不得分			
3	安全文明生产		遵守安全操作规程，正确使用工、夹、量具，操作现场整洁	按到达规定的标准程度评分，一项不符合要求在总分中扣 2~5 分，总扣分不超过 10 分			
			安全用电、防火，无人身安全、设备的事故	因违规操作造成重大人身安全事故的此卷按 0 分计算			
4	分数合计	100					

2. 检测完后，分析你的角度样板误差及形成原因。

活动过程评价表

班级：　　　　　姓名：　　　　学号：　　　　　　　年　月　日

<table>
<tr><th colspan="2">评价项目及标准</th><th>分数</th><th>自我评价（10%）</th><th>小组评价（30%）</th><th>教师评价（60%）</th></tr>
<tr><td rowspan="6">操作技能</td><td>1. 检测工、量具的正确规范使用</td><td>10</td><td></td><td></td><td></td></tr>
<tr><td>2. 动手能力强，理论联系实际，善于灵活应用</td><td>10</td><td></td><td></td><td></td></tr>
<tr><td>3. 检测的速度</td><td>10</td><td></td><td></td><td></td></tr>
<tr><td>4. 熟悉质量分析、结合实际，提高自身综合实践能力</td><td>10</td><td></td><td></td><td></td></tr>
<tr><td>5. 检测的准确性</td><td>10</td><td></td><td></td><td></td></tr>
<tr><td>6. 通过检测，能对加工工艺合理性分析</td><td>10</td><td></td><td></td><td></td></tr>
<tr><td>实习过程</td><td>1. 查阅、收集资料情况
2. 任务完成情况
3. 成果展示情况
4. 纪律观念
5. 实训安全操作
6. 检测工件规范情况
7. 平时出勤情况
8. 检测完成质量
9. 检测的速度与准确性
10. 每天对工量具的整理保管及场地卫生清扫情况</td><td>30</td><td></td><td></td><td></td></tr>
<tr><td>情感态度</td><td>1. 师生互动
2. 良好的劳动习惯
3. 组员的交流、合作
4. 实践动手操作的兴趣、态度、积极性</td><td>10</td><td></td><td></td><td></td></tr>
<tr><td colspan="2">小计</td><td>100</td><td>_×0.1=__</td><td>_×0.3=_</td><td>_×0.3=_</td></tr>
<tr><td colspan="2">总计</td><td colspan="4"></td></tr>
<tr><td>工件检测得分</td><td></td><td colspan="2">综合测评得分</td><td colspan="2"></td></tr>
<tr><td>简要评述</td><td colspan="5"></td></tr>
</table>

注：综合测评得分 = 总计 50% + 工件检测得分 50%。

任课教师签字：____________________

学习活动 5　工作小结

◇学习目标◇

能总结出通过本次加工所获得的经验。

◇学习过程◇

1. 写出本次学习任务过程中存在的问题并提出解决方法。

2. 请分层次说出你在本次任务实践过程中有哪些收获。

◇知识链接◇

一、锉配概念

用锉削加工方法使两个互换零件达到规定的配合要求，这种加工称为锉配，也称为镶配。

二、锉配方法

（1）锉配时，由于工件的外表面比内表面容易加工和测量，易于达到较高精度，故一般应先加工凸件，然后锉配凹件。

（2）加工内表面时，为了便于控制尺寸，一般均应选择有关表面作为测量基准，因此加工外形基准面时，必须达到较高的精度要求，才能保证规定的锉配精度。

（3）锉配角度样板时，可锉制一副内、外角度检查样板，待加工时测量角度使用。

（4）在作配合修锉时，可通过透光法和涂色显示法来确定其修锉部位和余量，逐步达到正确的配合要求。

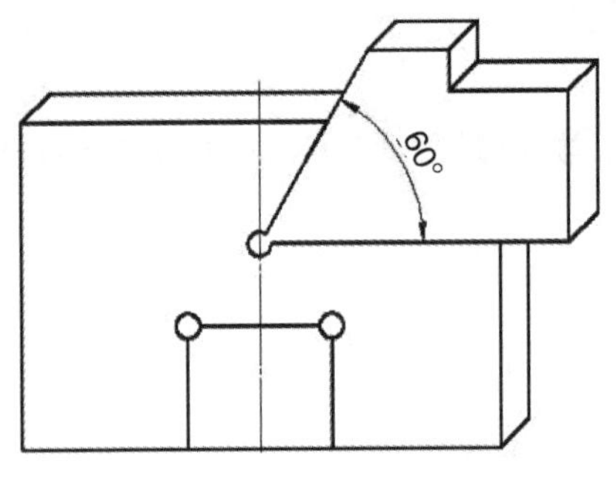

图 1-6-2　角度测量示意图

三、对称度的概念

（1）对称度误差是指被测表面的对称度平面与基准表面的对称平面间的最大偏移距离［见图 1-6-3（a）］。

（2）对称度公差带是指相对基准中心平面对称配置的两个平行面之间的区域，两平行面距离即为公差值［见图 1-6-3（b）］。

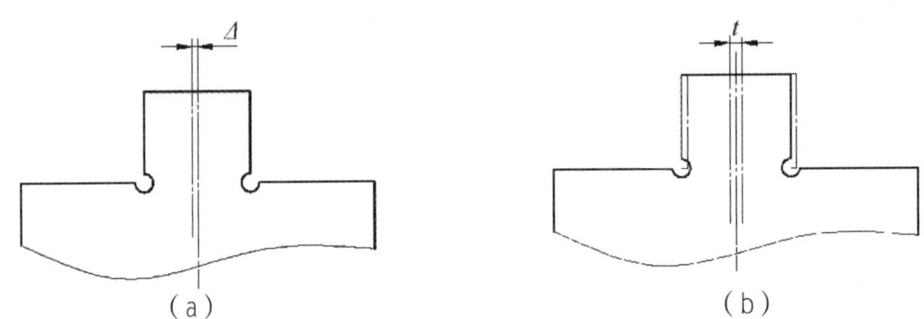

图 1-6-3　对称度概念

四、对称度误差的测量

（1）对称度误差的测量方法：测量被测表面与基准表面的尺寸 A 和 B 其差值的平均值即为对称度误差值（见图 1-6-4）。

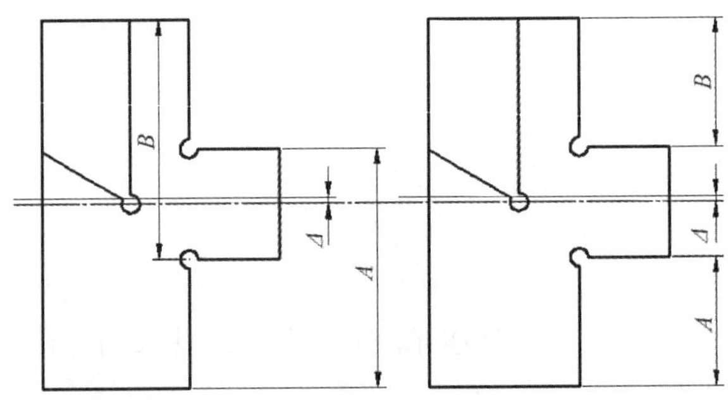

图 1-6-4　对称度误差测量示意图

（2）对称形体工件的划线：对于平面对称度工件的划线，应在形成对称中心平面的两个基准面精加工之后进行。划线基准与该两基准面重合，划线尺寸则按两个对称度基准平面间的实际尺寸及对称要素的要求尺寸计算得出。

（3）对称度误差对转位互换精度的影响：当凹、凸件都有对称度误差为 0.05 mm，且在一个同方向位置配合达到间隙要求后，得到两侧面平齐，而转位 180° 作配合，就会产生两基准面偏位误差，其总值为 0.10 mm。

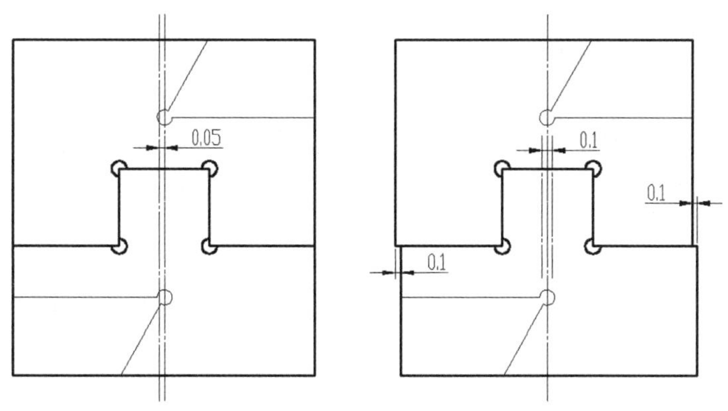

图 1-6-5　对称度转位互换检测图

五、角度样板的尺寸测量

角度样板斜面锉削时的尺寸测量，一般都采用间接测量法，其测量尺寸 M 与样板尺寸 B，圆柱尺寸 d 之间有如下关系（见图 1-6-6）：

$$M = B + d/2 \cot a/2 + d/2$$

式中：M——测量读数值，mm；

B——样板斜面与槽底的交点至侧面的距离，mm；

d——圆柱量棒的直径尺寸，mm；

a——斜面的角度。

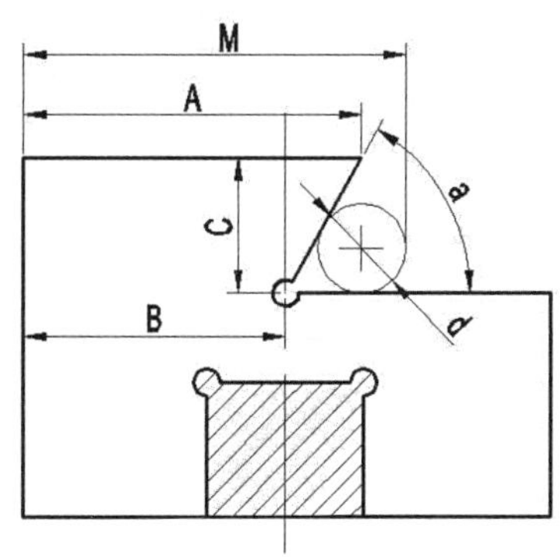

图 1-6-6　斜面位置控制图

当要求尺寸为 A 时，则可按下式进行换算：

$$B = A - C\cot a$$

式中：A——斜面与槽口平面的交点（边角）至侧面的距离，mm；

C——深度尺寸，mm。

六、三角函数知识

特殊角度三角函数的计算在钳工零件加工中应用比较多。在零件加工中，角度测量和找点划线是必须要使用的计算。

1. 计算公式。

构造特殊直角三角形 ABC，如图 6-6，∠A=30°，∠B=60°，∠C=90°。根据定理特殊直角三角形 30° 的对边（直角边）是斜边的一半。设 BC=1，则 AB=2，根据勾股定理求出 $AC=\sqrt{3}$。

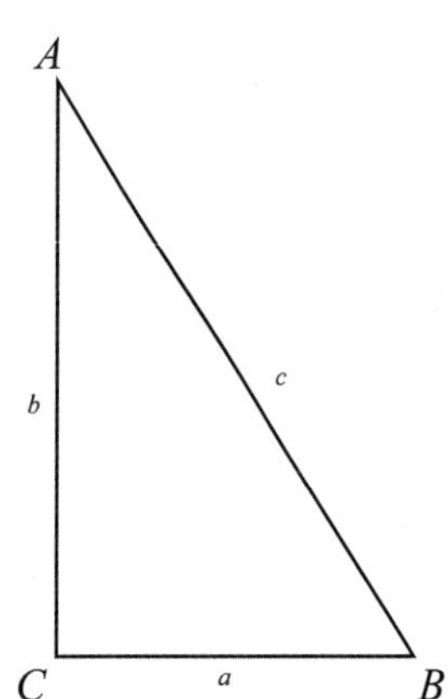

正弦：锐角的对边与斜边的比，$\sin A=\dfrac{a}{c}$

余弦：锐角的邻边与斜边的比，$\cos A=\dfrac{b}{c}$

正切：锐角的对边与斜边的比，$\tan A=\dfrac{a}{b}$

余切：锐角的邻边与对边的比，$\cot A=\dfrac{b}{a}$

勾股定理：直角三角形中，两直角边的平方和等于斜边的平方，$a^2+b^2=c^2$

图 1-6-7　直角三角形

2. 特殊角度三角函数值表。

角度	0°	30°	45°	60°	90°
sin$a$（A）	0	1/2	$\sqrt{2}/2$	$\sqrt{3}/2$	1
cos$a$（A）	1	$\sqrt{3}/2$	$\sqrt{2}/2$	1/2	0
tan$a$（A）	0	$\sqrt{3}/3$	1	$\sqrt{3}$	—
cot$a$（A）	—	$\sqrt{3}$	1	$\sqrt{3}/3$	0

典型工作任务七　对称阶梯配（选做任务）

一、图纸

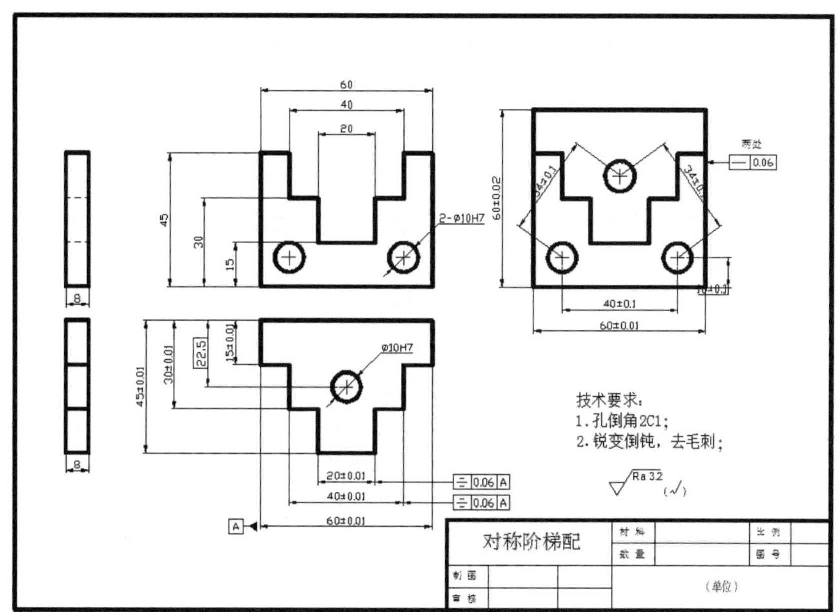

图 1-7-1　对称阶梯配图

二、评价表

序号	项目	配分	检查内容	评分标准	检测记录	扣分	得分
1	锉削	7	45 ± 0.01 mm	超差不得分			
		7	60 ± 0.01 mm	超差不得分			
		8	20 ± 0.01 mm	超差不得分			
		10	15 ± 0.01 mm	超差不得分			
		10	30 ± 0.01 mm	超差不得分			
		10	⌯ 0.1 A	超差不得分			
		8	*Ra*3.2 μm	超差不得分			
		8	*Ra*3.2 μm	超差不得分			

续表

序号	项目	配分	检查内容	评分标准	检测记录	扣分	得分
2	配合	30	配合间隙＜ 0.1 mm	超差 0.02 mm 扣 5 分，超差＞ 0.03 mm 不得分			
		10	错位量＜ 0.1 mm	超差 0.02 mm 扣 5 分，超差＞ 0.03 mm 不得分			
3	安全文明生产		遵守安全操作规程，正确使用工、夹、量具，操作现场整洁	按到达规定的标准程度评分，一项不符合要求在总分中扣 2~5 分，总扣分不超过 10 分			
			安全用电、防火，无人身安全、设备的事故	因违规操作造成重大人身安全事故的此卷按 0 分计算			
4	分数合计	100					

典型工作任务八　V 形开口锉配（选做任务）

一、图纸

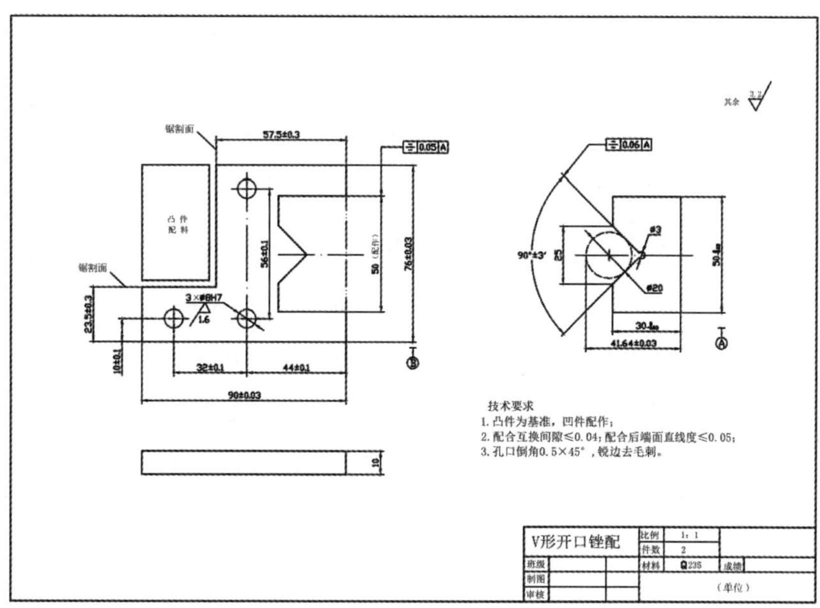

图 1-8-1　V 形开口锉配图

二、评价表

序号	项目	配分	检查内容	评分标准	检测记录	扣分	得分
1	锉削	5	50	超差不得分			
		5	30	超差不得分			
		6	41.64 ± 0.03	超差不得分			
		4	76 ± 0.03	超差不得分			
		4	90 ± 0.03	超差不得分			
		6	90° ± 3′	超差不得分			
		6	⌯ 0.05 A	超差不得分			
		6	⌯ 0.05 A	超差不得分			

续表

<table>
<tr><th>序号</th><th>项目</th><th>配分</th><th>检查内容</th><th>评分标准</th><th>检测记录</th><th>扣分</th><th>得分</th></tr>
<tr><td rowspan="2">2</td><td rowspan="2">锯削</td><td>5</td><td>57.5 ± 0.3</td><td>超差不得分</td><td></td><td></td><td></td></tr>
<tr><td>5</td><td>23.5 ± 0.3</td><td>超差不得分</td><td></td><td></td><td></td></tr>
<tr><td rowspan="6">3</td><td rowspan="6">孔加工</td><td>2</td><td>56 ± 0.1</td><td>超差不得分</td><td></td><td></td><td></td></tr>
<tr><td>2</td><td>32 ± 0.1</td><td>超差不得分</td><td></td><td></td><td></td></tr>
<tr><td>2</td><td>44 ± 0.1</td><td>超差不得分</td><td></td><td></td><td></td></tr>
<tr><td>2</td><td>10 ± 0.1</td><td>超差不得分</td><td></td><td></td><td></td></tr>
<tr><td>3</td><td>3 × Φ8H7</td><td>超差不得分</td><td></td><td></td><td></td></tr>
<tr><td>3</td><td>Ra1.6μm</td><td>超差不得分</td><td></td><td></td><td></td></tr>
<tr><td rowspan="2">4</td><td rowspan="2">配合</td><td>18</td><td>配合间隙≤ 0.04 mm</td><td>超差 0.02 mm 扣 5 分，超差> 0.03 mm 不得分</td><td></td><td></td><td></td></tr>
<tr><td>10</td><td>直线度≤ 0.05 mm</td><td>超差 0.02 mm 扣 5 分，超差> 0.03 mm 不得分</td><td></td><td></td><td></td></tr>
<tr><td rowspan="2">5</td><td rowspan="2">安全文明生产</td><td></td><td>遵守安全操作规程，正确使用工、夹、量具，操作现场整洁</td><td>按到达规定的标准程度评分，一项不符合要求在总分中扣 2~5 分，总扣分不超过 10 分</td><td></td><td></td><td></td></tr>
<tr><td></td><td>安全用电、防火，无人身安全、设备的事故</td><td>因违规操作造成重大人身安全事故的此卷按 0 分计算</td><td></td><td></td><td></td></tr>
<tr><td>6</td><td>分数合计</td><td>100</td><td></td><td></td><td></td><td></td><td></td></tr>
</table>

典型工作任务九　刮削

◇学习目标◇

1. 掌握平板的相关知识、刮削技能。
2. 掌握材料及热处理的知识。
3. 掌握安全操作和“7S”管理。

◇建议课时◇

18 课时。

◇学习过程◇

学习活动 1　接受任务，制定拆装计划、开工前的准备工作、查阅相关资料
学习活动 2　刮削划线平板

◇学习任务描述◇

钳工实训因划线平板不足，现需制造 6 块。6 块平板已刨床刨过，但还达不到划线平板的精度要求，因此要通过平面刮削工艺提高划线平板的精度。

◇任务评价◇

序号	学习活动	评价内容					占比
		活动成果（40%）	参与度（10%）	安全生产（20%）	劳动纪律（20%）	工作效率（10%）	
1	接受任务，制定拆装计划、开工前的准备工作、查阅相关资料	查阅信息单	活动记录	工作记录	教学日志	完成时间	10%
2	刮削原始平板	原始平板	活动记录	工作记录	教学日志	完成时间	50%
总计							100%

学习活动1　接受任务、准备工作、查阅相关资料

◇学习目标◇

1. 接受任务，明确任务要求。
2. 明确原始平板的精度等级和相关要求。
3. 明确原始平板的刮削工艺。

建议学时：4课时。

◇学习过程◇

一、学习准备

机修实训手册、任务书、教材。

二、引导问题

1. 举例说明刮削的应用。

2. 写出刮削所用到的工、量具。

3. 写出原始平板的刮削工艺。

◇温馨提示◇

小组记录需要：记录人、主持人、日期、内容等要素。

学习活动 2　刮削原始平板和缺陷分析

◇学习目标◇

1．能按照“7S”管理规范实施作业。
2．按照原始平板刮削的步骤进行。
3．能对刮削缺陷进行分析。

建议学时：14 课时。

◇学习过程◇

一、学习准备

机修实训手册、原始平板、显示剂、毛刷等。

二、引导问题

1．试述显示剂的种类和用途。

2．试述红丹粉的使用方法。

3．写出下图所示的工具名称及用途。

名称：______________　　名称：______________
用途：______________　　用途：______________

4．根据刮刀的切削角写出刮刀的用途

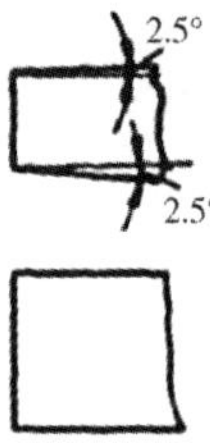

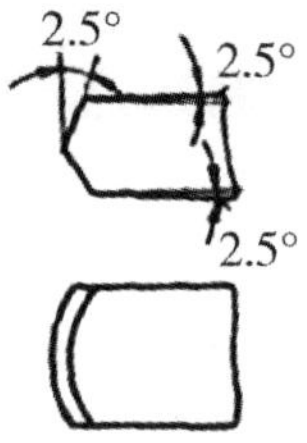

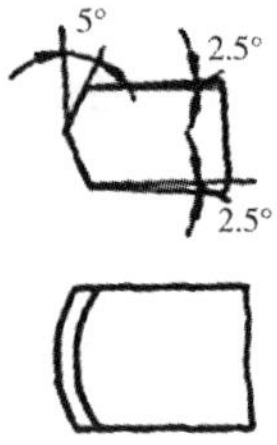

用途：______________ 用途：______________ 用途：______________

5．试述安全操作及文明生产的相关内容

____

____

____

◇评价与分析◇

活动过程评价表

班级：　　　　姓名：　　　　学号：　　　　　　　　年　　月　　日

<table>
<tr><th colspan="2">评价项目及标准</th><th>分数</th><th>自我评价（10%）</th><th>小组评价（30%）</th><th>教师评价（60%）</th></tr>
<tr><td rowspan="4">操作技能</td><td>1. 刮削技能是否正确、规范</td><td>20</td><td></td><td></td><td></td></tr>
<tr><td>2. 动手能力强，理论联系实际、善于灵活应用</td><td>10</td><td></td><td></td><td></td></tr>
<tr><td>3. 刀痕是否达到要求</td><td>10</td><td></td><td></td><td></td></tr>
<tr><td>4. 上述题目是否按质按量安成</td><td>20</td><td></td><td></td><td></td></tr>
<tr><td>实习过程</td><td>1. 安全文明操作情况
2. 平时出勤情况
3. 是否按教师要求进行
4. 每天对工具的整理、保管及场地卫生清扫情况</td><td>30</td><td></td><td></td><td></td></tr>
<tr><td>情感态度</td><td>1. 师生互动
2. 良好的劳动习惯
3. 组员的交流、合作
4. 实践动手操作的兴趣、态度、积极性</td><td>10</td><td></td><td></td><td></td></tr>
<tr><td colspan="2">小计</td><td>100</td><td>_ ×0.1=_</td><td>_ ×0.3=_</td><td>_ ×0.3=_</td></tr>
<tr><td>简要评述</td><td colspan="5"></td></tr>
</table>

注：综合测评得分 = 总计 50% + 工件检测得分 50%。

任课教师签字：______________

活动过程教师评价量表

<table>
<tr><th>班级</th><th></th><th>姓名</th><th></th><th>学号</th><th></th><th>日期</th><th>月　日</th><th>配分</th><th>得分</th></tr>
<tr><td rowspan="5">教师评价</td><td>劳保用品穿戴</td><td colspan="6">严格按《实习守则》要求穿戴好劳保用品</td><td>5</td><td></td></tr>
<tr><td>平时表现评价</td><td colspan="6">1. 出勤情况
2. 纪律情况
3. 工作态度
4. 任务完成质量
5. 良好的习惯，岗位卫生情况</td><td>15</td><td></td></tr>
<tr><td rowspan="2">综合专业技能水平</td><td>基本知识</td><td colspan="5">1. 平面刮削的理论知识
2. 熟练查阅资料</td><td>20</td><td></td></tr>
<tr><td>操作技能</td><td colspan="5">平面刮削技能</td><td>30</td><td></td></tr>
<tr><td>情感态度评价</td><td colspan="6">1. 互动与团队合作
2. 良好的劳动习惯，注重提高自身的动手能力
3. 实践动手操作的兴趣、态度、积极性</td><td>10</td><td></td></tr>
<tr><td>自评</td><td>综合评价</td><td colspan="6">1. 组织纪律性，遵守实习场所纪律及有关规定
2. “7S”执行情况
3. 专业基础知识与专业操作技能的掌握情况</td><td>10</td><td></td></tr>
<tr><td>互评</td><td>综合评价</td><td colspan="6">1. 组织纪律性，遵守实习场所纪律及有关规定
2. “7S”执行情况
3. 专业基础知识与专业操作技能的掌握情况</td><td>10</td><td></td></tr>
<tr><td></td><td></td><td colspan="6">合计</td><td>100</td><td></td></tr>
<tr><td>建议</td><td></td><td colspan="6"></td><td></td><td></td></tr>
</table>

◇知识链接◇

一、刮削概述

（一）刮削原理

用刮刀刮去工件表面金属薄层的加工方法称为刮削。在工件或校准工具上涂一层显示剂，经过推研，使工件上较高的部位显示出来，然后用刮刀刮去较高部分的金属层；经过反复推研、刮削，使工件达到要求的尺寸精度、形状精度及表面粗糙度。

（二）刮削的特点及作用

刮削具有切削用量小、切削力小、装夹变形小的特点，所以能获得较高的尺寸精度、形状和位置精度、接触精度、传动精度及很小的表面粗糙度值。

刮削一般要经过粗刮、细刮、精刮及刮花。

（三）刮削工具及显点

刮削的工具有刮刀、校准工具及显示剂。

1. 平面刮刀。

平面刮刀用于平面刮削和平面刮花。刮刀一般采用 T12A 或弹性较好的 GCr15 滚动轴承钢制成，并经热处理淬硬。

2. 曲面刮刀。

曲面刮刀用于刮削曲面。曲面刮刀的种类有：三角刮刀、柳叶刮刀、蛇头刮刀。

3. 校准工具。

校准工具用来研点和检验刮削表面准确情况的工具。常用的校准工具有校准平板、直尺、角度尺等。

4. 显示剂。

（1）显示剂的种类。

①红丹粉。红丹粉有铅丹和铁丹两种，它们分别由氧化铅和氧化铁加机油调和而成。前者呈橘红色，后者呈橘黄色，主要用于刮削表面为铸铁或工件的涂色。

②蓝油。用蓝粉和蓖麻油调和而成，主要用于精密工件、有色金属用合金在刮削时的涂色。

（2）显点方法。

①中、小型工件的显点。一般中、小型工件刮削推研时，是校准平板不动，将被刮研的平面涂均显示剂后，在平板上进行推研。若工件长度较长，推研时超出平板部分的长度，要小于工件长度的 1/3。

②大型工件的显点。大型工件显点，一般都是工件固定，而把显示剂涂在被刮削的平面上，用校准工具在被刮削的平面上进行推研。

③形状不对称工件的显点。工件在推研时，一定要根据工件的形状，在不同位置施以不同大小及方向的力。

（四）刮削精度检验

接触精度常用 25 mm × 25 mm 的正方形方框内研点数检验；形状位置精度用框式水平仪检验；配合间隙用塞尺检验。

二、刮削技能训练

（一）平面刮削姿势

1. 手刮法。

手刮法如图 1–9–1 所示。

图 1–9–1　手刮法

2. 挺刮法。

将刮刀柄顶在小腹右下部肌肉处，左手在前，手掌向下；右手在后，手掌向上，距刮刀头部 80 mm 左右处握住刀身。刮削时刀头对准研点，左手下压，右手控制刀头方向，利用腿部和臂部的合力往前推动刮刀；随着研点被刮削的瞬间，双手利用刮刀的反弹作用力迅速提起刀头，刀头提起高度约为 10 mm。如图 1–9–2 所示。

图 1–9–2　挺刮法

（二）刮削步骤

1. 粗刮。

用粗刮刀在刮削面上均匀地铲去一层较厚的金属，使其很快去除刀痕。锈斑或过多的余量。方法是用粗刮刀连续推铲，刀迹连成片。在整个刮削面上要均匀刮削，并根据测量情况对凸凹不平的地方进行不同程度的刮削。第一遍粗刮时，可按着刨刀刀纹或导轨纵向的 45° 方向进行；第二遍刮研时，则按上一遍的垂直方向进行（即 90° 交叉）；粗刮至 25 mm × 25 mm 正方形框内有 2~3 个研点时，粗刮结束。

2. 细刮。

用细刮刀在刮削面上刮去稀疏的大块研点，使刮削面进一步改善。刮研时，刀迹宽度应为 6~8 mm，长为 10~25 mm，刮深为 0.01~0.02 mm，按一定方向依次刮研。刀迹按点子分布且可连刀刮。刮第二遍时应以上一遍交叉 45°~60° 的方向进行。随着研点的增多，刀迹要逐步缩短。要一个方向刮完一遍后，再交叉刮削第二遍，以便削除原方向上的刀迹。刮削过程中要控制好刀头方向，避免在刮削面上划出深刀痕。显示剂要涂抹得薄而均匀，推研后的硬点应刮重些，软点应刮轻些。直至显示出的研点硬软均匀，在整个过程中刮削面上每 25 mm × 25 mm 正方形方框内有 12~15 个研点时，细刮结束。

3．精刮。

用精刮刀采用点刮法以增加研点，从而进一步提高刮削面精度。刮削时，刀迹宽度为 3~5 mm，长为 3~6 mm，并且找点要准，落刀要轻，起刀要快。在每个研点上只刮一刀，不能重复，刮削方向要按交叉原则进行。最大最亮的研点全部刮去，中等研点只刮去顶点一小片，小研点留着不刮。当研点逐渐增多到每 25 mm × 25 mm 正方形框内有 20 个研点以上时，就要在最后的几遍刮削中，让刀迹的大小交叉一致，排列整齐美观，以结束精刮。

4．刮花。

刮花可使刮研面更美观，或能使滑动表面之间形成良好的润滑，并且还可以根据花纹的消失与否来判断平面的磨损程度。一般常见的花纹有斜花纹、鱼鳞花纹和半月形花纹。

（三）原始平板的刮削

一般采用渐进法刮削，即不用标准平板，而以三块（或三块以上）平板依次循环互刮互研，直至达到要求，图 1–9–3 为原始平板的刮削步骤。

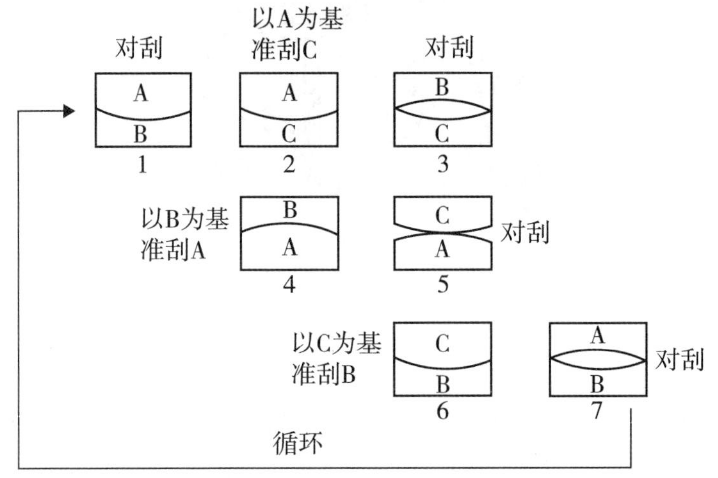

图 1–9–3　原始平板刮削步骤

先将三块平板单独进行粗刮，去除机械加工的刀痕和锈斑。对三块平板分别编号为 1、2、3，按编号次序进行刮削，其刮削循环步骤如下：

（1）一次循环：先设 1 号平板为基准，与 2 号平板互研互刮，使 1 号、2 号平板

贴合。再将 3 号平板与 1 号平板互研，单刮 3 号平板，使 1 号、3 号平板贴合。然后用 2 号、3 号平板互研互刮，这时 2 号和 3 号平板的平面度略有提高。

（2）二次循环：在上一次 2 号与 3 号平板互研互刮的基础上，按顺序以 2 号平板为基准，1 号与 2 号平板互研，单刮 1 号平板，然后 3 号与 1 号平板互研互刮，这时 3 号和 1 号平板的平面度又有了提高。

（3）在上一次 3 号与 1 号平板互研互刮的基础上，按顺序以 3 号平板为基准，2 号与 3 号平板互研，单刮 2 号平板，然后 1 号与 2 号平板互研互刮，这时 1 号和 2 号平板的平面度进一步提高。

循环次数越多，则平板越精密，且每块平板上任意 25 mm × 25 mm 内均达到 20 个点以上，表面粗糙度小于 0.8 μm，且刀迹排列整齐美观，刮削完成。

（四）平面刮刀的刃磨和热处理

1. 平面刮刀的几何角度（见图 1-9-4）。

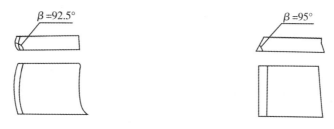

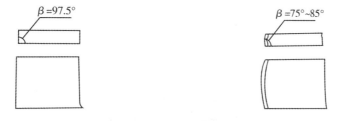

（a）粗刮刀为 90°~92.5°，刀刃平直

（b）细刮刀为 95° 左右，刀刃稍带圆弧

（c）精刮刀 97.5° 左右，刀刃带圆弧　（d）刮韧性材料的刮刀，可磨成正前角，适用于粗刮

图 1-9-4　平面刮刀的几何角度

2. 粗磨。

粗磨时分别将刮刀两平面贴在砂轮侧面上，开始时应先接触砂轮边缘，再慢慢平放在侧面上，不断地前后移动进行刃磨，使两面都达到平整，在刮刀前宽上用肉眼看不出有显著的厚薄差别。然后粗磨顶端面，把刮刀的顶端放在砂轮轮缘止，然后平稳地左右移动刃磨，要求端面与刀身中心线垂直，磨时应先以一定倾斜角度与砂轮接触，再逐步按图 1-9-5（c）中所示箭头方向转动至水平。如直接按水平位置靠上砂轮，刮刀会颤抖不易磨削，甚至会发生事故。

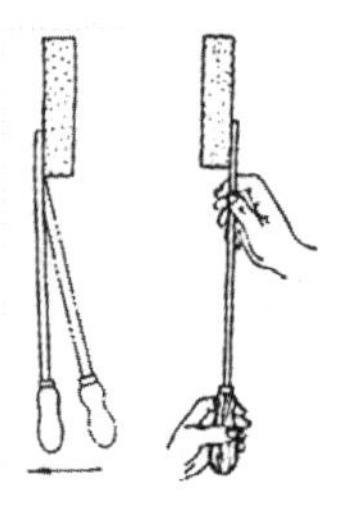

（a）粗磨平面

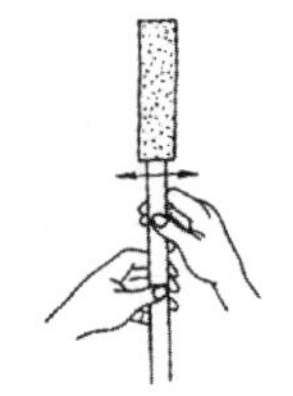

（b）粗磨顶端面

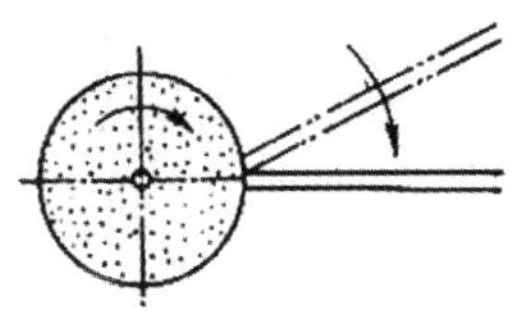

（a）顶端面粗磨方法

图 1–9–5　粗磨

3．热处理。

将粗磨好的刮刀，放在炉火中缓慢加热至 780~800℃（呈樱红色），加热长度为 25 mm 左右，取出后迅速放入冷水中（或 10% 的盐水中）冷却，浸入深度约为 8~10 mm。刮刀接触水面时作缓缓平移和间断地少许上下移动，这样可使淬硬部分不留下明显界限。当刮刀露出水面部分呈黑色时，由水中取出，观察其刃部颜色为白色时，迅速把整个刮刀浸入水中冷却，直到刮刀全冷后取出即成。热处理刮刀切削部分硬度应在 HRC60 以上，用于粗刮。精刮刀及刮花刮刀，淬火时可用油冷却，刀头不会产生裂纹，金属的组织较细，容易刃磨，切削部分硬度接近 HRC60。如图 1–9–6 所示。

图 1–9–6　热处理

4．细磨。

热处理后的刮刀要在细砂轮上细磨，基本达到刮刀的形状和几何角度要求。刮刀细磨时必须经常蘸水冷却，避免刀口部分退火。

5．精磨。

刮刀精磨须在油石上进行。操作时在油石上加适量机油，先磨两平面，直至平面平整，表面粗糙度 < 0.2 μm。然后精磨端面，刃磨时，左手扶住手柄，右手紧握刀身，使刮刀直立在油石上，略带前倾（前倾角度根据刮刀 β 角的不同而定）地向前推移，拉回时刀身略微提起，以免磨损刃口，如此反复，直到切削部分形状和角度符合要求且刃口锋利为止。如图 1–9–7 所示。

（a）磨平面

（b）磨顶端面

（c）磨顶端面

图 1–9–7　精磨

（五）刮削注意事项

（1）研点时，防止平板掉落砸伤脚。

（2）显示剂应涂得适当。

（3）单人操作，禁止两人操作一块平板。

（4）严禁用刮刀玩要。

（5）严禁串岗或划伤已刮削的表面。

（6）操作姿势、动作正确。

（7）正确刃磨刮刀。

典型工作任务十　零件测绘

◇学习目标◇

1．能对轴类零件进行测绘。
2．熟练掌握测量工具的使用。
3．熟练手工绘制和计算机绘制轴类零件图。

建议学时：6课时。

◇学习过程◇

一、学习准备

减速器轴、测量工具、机械制图、机械基础、金属工艺学、A4纸。

二、引导问题

1．列出你所需要的量具，填入下表。

序号	名称	规格	精度	数量	用途
1					
2					
3					
4					
5					

2．根据图片，请写出下列量具名称和用途。

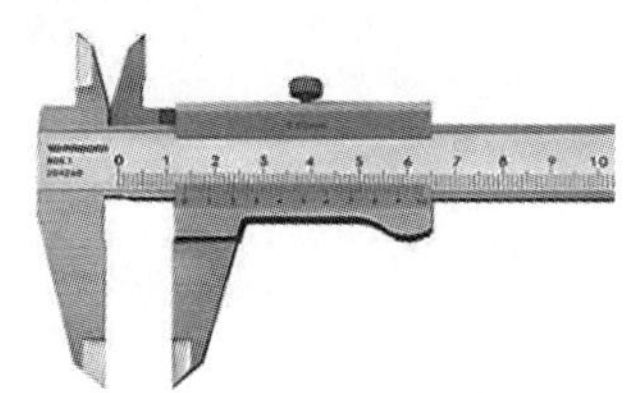

名称：______________________
用途：______________________

名称：______________________
用途：______________________

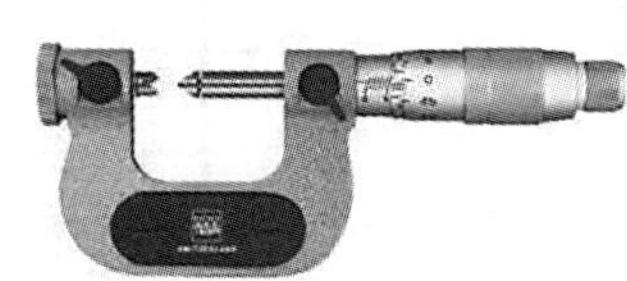

名称：______________________
用途：______________________

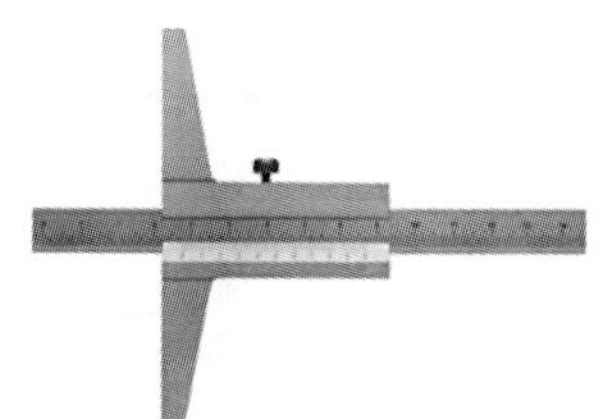

名称：______________________
用途：______________________

名称：______________________
用途：______________________

名称：______________________
用途：______________________

3．零件测绘作用的是什么？

◇知识链接◇

一、《机械制图制》相关知识

（一）国家标准关于制图的一般规定

1. 图纸幅面、格式及标题栏（见图 1–10–1、表 1–10–1）。

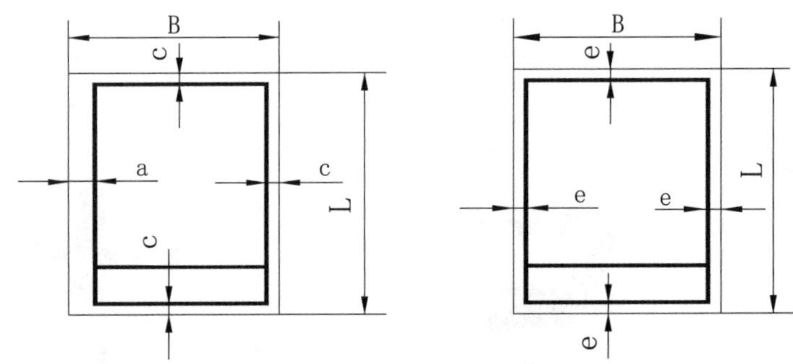

图 1–10–1　图纸幅面

表 1–10–1

幅面代号		A0	A1	A2	A3	A4
尺寸 $B\times L$/mm		841×1189	594×841	420×594	297×420	210×297
边框	a	25				
	c	10			5	
	e	20		10		

2. 图框格式（见图 1–10–2）。

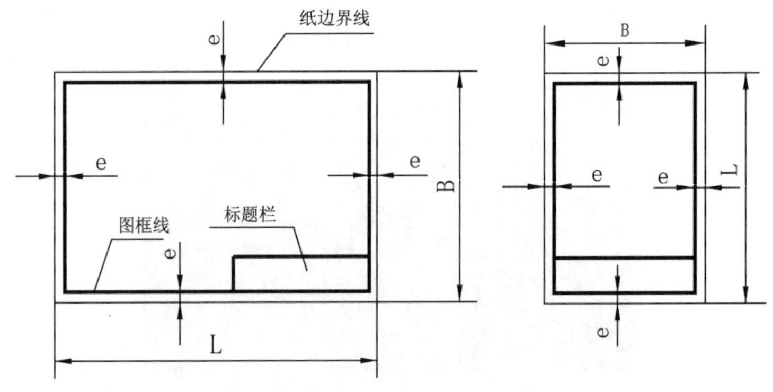

图 1–10–2　图框格式

3．标题栏。

学校用简易标题栏（见图 1–10–3）

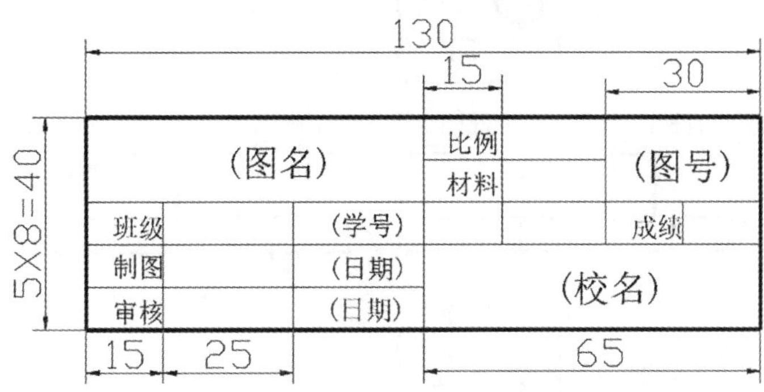

图 1–10–3　标题栏格式

（二）基本视图

当机件的外部结构形状在各个方向（上下、左右、前后）都不相同时，三视图往往不能清晰地把它表达出来。因此，必须加上更多的投影面，以得到更多的视图。

为了清晰地表达机件六个方向的形状，可在 H、V、W 三投影面的基础上，再增加三个基本投影面。这六个基本投影面组成了一个方箱，把机件围在当中，如图 1–10–4（a）所示。机件在每个基本投影面上的投影，都称为基本视图。图 1–10–4（b）表示机件投影到六个投影面上后，投影面展开的方法。展开后，六个基本视图的配置关系和视图名称见图 1–10–4（c）。

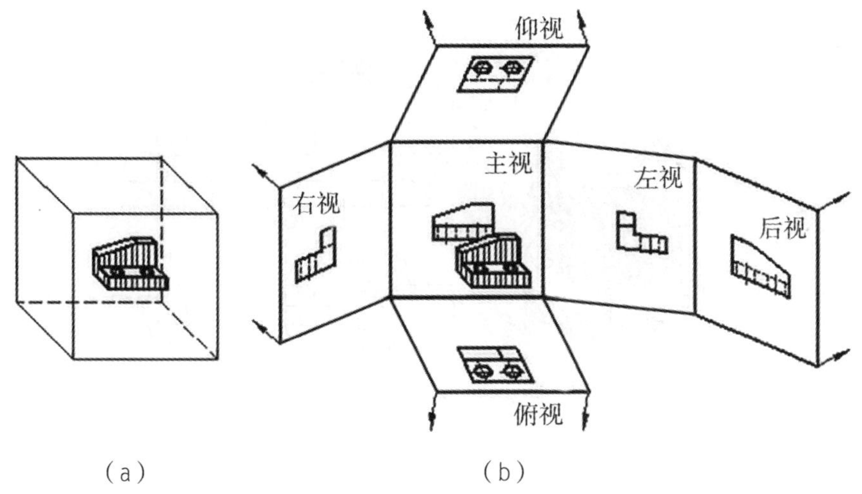

图 1–10–4　投影示意图

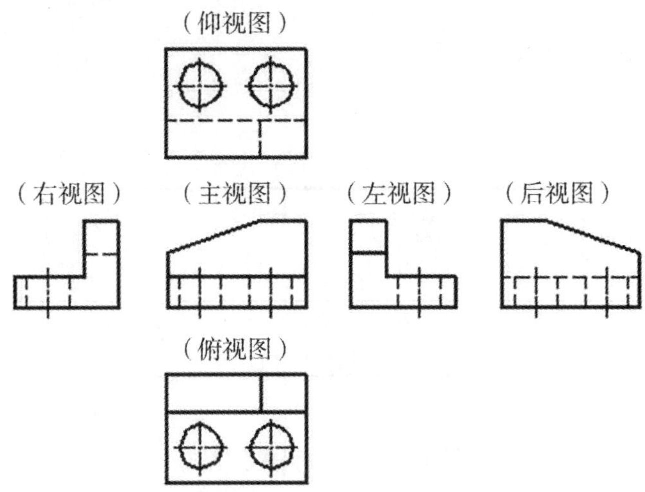

图 1–10–5　基本视图对应关系

（三）局部视图

当采用一定数量的基本视图后，机件上仍有部分结构形状尚未表达清楚，而又没有必要再画出完整的其他基本视图时，可采用局部视图来表达。

只将机件的某一部分向基本投影面投射所得到的图形，称为局部视图。如图 1–10–6（a）所示工件，画出了主视图和俯视图，已将工件基本部分的形状表达清楚，只有左、右两侧凸台和左侧肋板的厚度尚未表达清楚，此时便可像图中的 A 向和 B 向那样，只画出所需要表达的部分而成为局部视图，如图 1–10–6（b）所示。

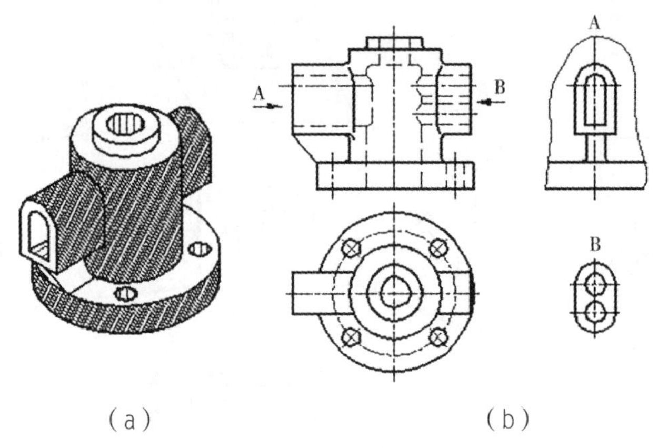

图 1–10–6　局部视图

（四）剖视图的形成

1．概念。

想用一剖切平面剖开机件，然后将处在观察者和剖切平面之间的部分移去，而将其余部分向投影面投影所得的图形，称为剖视图（简称剖视）。

如图 1–10–7（b）所示的方法，假想沿机件前后对称平面把它剖开，拿走剖切平面前面的部分后，将后面部分再向正投影面投影，这样，就得到了一个剖视的主视图。图 1–10–7（c）表示机件剖视图的画法。

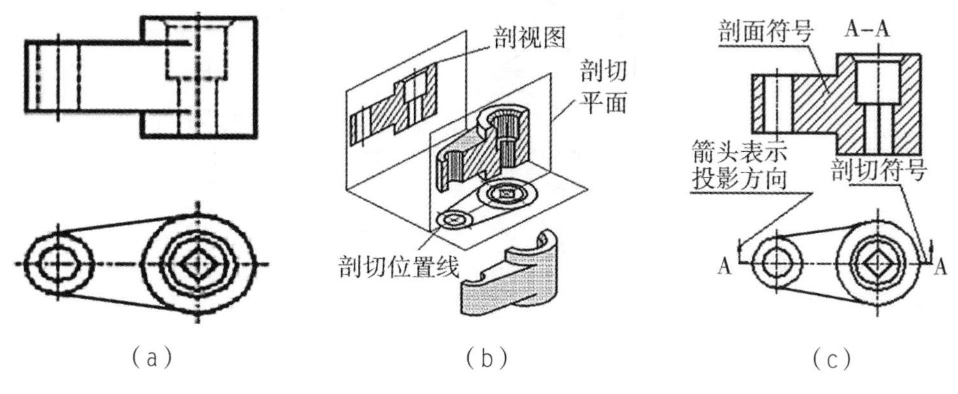

图 1–10–7　剖视图

2．剖视图的分类。

（1）全剖视图。

①概念。

用剖切平面，将机件全部剖开后进行投影所得到的剖视图，称为全剖视图（简称全剖视）。图 1–10–8 中的主视图和左视图均为全剖视图。

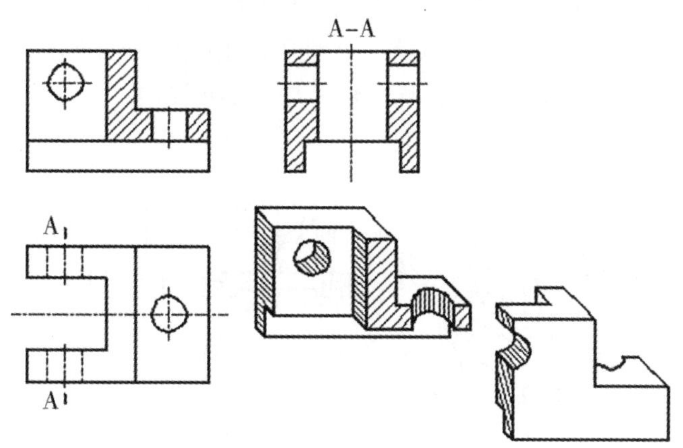

图 1–10–8　全剖视图

②应用。

全剖视图一般用于表达外部形状比较简单，内部结构比较复杂的机件。

（2）半剖视图。

①概念。

当机件具有对称平面时，以对称中心线为界，在垂直于对称平面的投影面上投影得到的，由半个剖视图和半个视图合并组成的图形称为半剖视图，如图 1–10–9 所示。

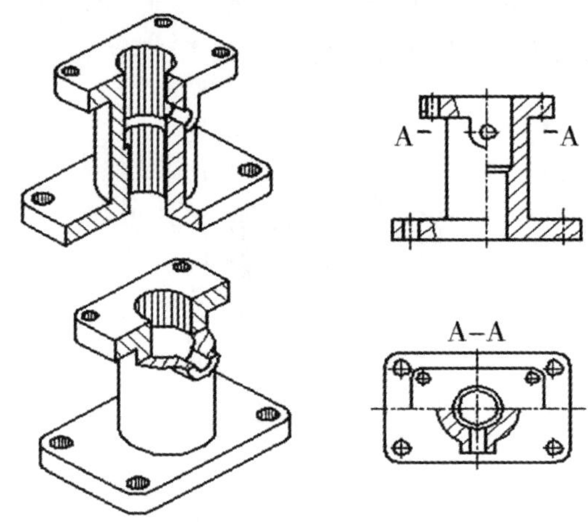

图 1–10–9　半剖视图

②应用。

半剖视图既充分地表达了机件的内部结构，又保留了机件的外部形状，因此它具有内外兼顾的特点。但半剖视图只适宜于表达对称的或基本对称的机件。

（3）局部剖视图。

①概念。

将机件局部剖开后进行投影得到的剖视图称为局部剖视图。局部剖视图也是在同一视图上同时表达内、外形状的方法，并且用波浪线作为剖视图与视图的界线。图 1–10–10（b）中的主视图和左视图，均采用了局部剖视图。

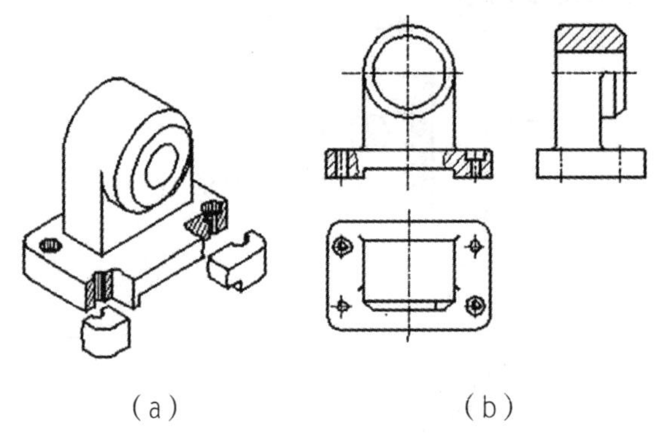

（a）　　　　　　（b）

图 1–10–10　局部剖视图

②应用。

从以上几例可知，局部剖视是一种比较灵活的表达方法，剖切范围根据实际需要决定。但使用时要考虑到看图方便，剖切不要过于零碎。它常用于下列两种情况：

a．机件只有局部内形要表达，而又不必或不宜采用全剖视图时；

b．不对称机件需要同时表达其内、外形状时，宜采用局部剖视图。

（五）断面图的基本概念

1．概念。

假想用剖切平面将机件在某处切断，只画出切断面形状的投影，并画上规定的剖面符号的图形，称为断面图，简称为断面。如图 1–10–11 所示。

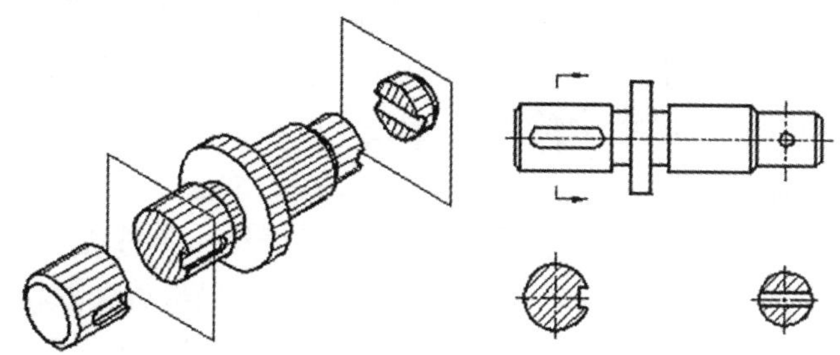

图 1–10–11　断面示意图

2．断面图的分类 。

断面图分为移出断面图和重合断面图两种。

①移出断面图。

画在视图轮廓之外的断面图称为移出断面图，如图 1–10–12 所示。

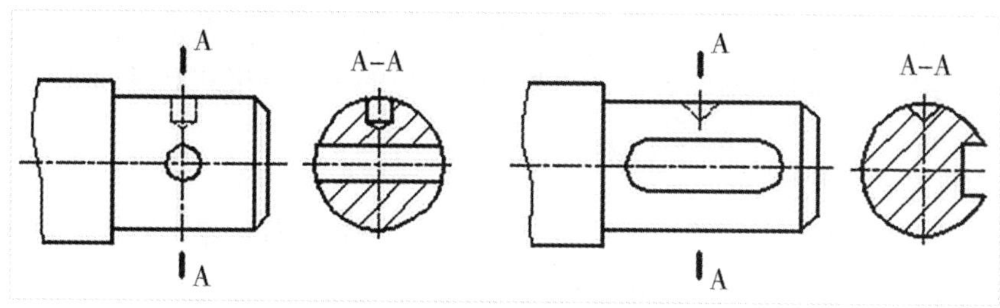

图 1–10–12　断面图

②重合断面图。

画在视图轮廓之内的断面图称为重合断面图，如图 1–10–13 所示。

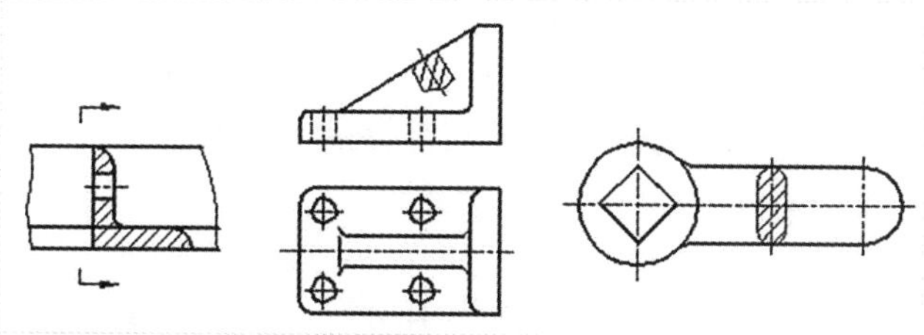

图 1–10–13　重合断面图

（六）零件图

1．零件图的作用。

①零件图是表示零件结构、大小及技术要求的图样。

②零件图是制造和检验零件的主要依据，是指导生产的重要技术文件。

2．零件图的内容。

零件图是生产中指导制造和检验零件的主要图样，它不仅是把零件的内、外结构形状和大小表达清楚，还需要对零件的材料、加工、检验、测量提出必要的技术要求。零件图必须包含制造和检验零件的全部技术资料。因此，一张完整的零件图一般应包括以下几项内容：

①一组图形：用于正确、完整、清晰、简便地表达出零件内外形状的图形，其中包括机件的各种表达方法，如视图、剖视图、断面图、局部放大图和简化画法等。

②完整的尺寸：零件图中应正确、完整、清晰、合理地标注出制造零件所需的全部尺寸。

③技术要求：零件图中必须用规定的代号、数字、字母和文字注解说明制造和检验零件时，在技术指标上应达到的要求。如表面粗糙度、尺寸公差、形位公差、材料和热处理、检验方法以及其他特殊要求等。技术要求的文字一般注写在标题栏上方的图纸空白处。

④标题栏：标题栏应配置在图框的右下角。它一般由更改区、签字区、其他区、名称以及代号区组成。填写的内容主要有零件的名称、材料、数量、比例、图样代号以及设计、审核、批准者的姓名、日期等。标题栏的尺寸和格式已经标准化，可参见有关标准。

3．零件结构形状的表达。

零件的表达方案选择，首先应考虑看图方便。根据零件的结构特点，选用适当的表示方法。由于零件的结构形状是多种多样的，所以在画图前，应对零件进行结构形状分析，结合零件的工作位置和加工位置，选择最能反映零件形状特征的视图作为主视图，并选好其他视图，以确定一组最佳的表达方案。

选择表达方案的原则是：在完整、清晰地表达零件形状的前提下，力求制图简便。

（1）零件分析。

零件分析是认识零件的过程，是确定零件表达方案的前提。零件的结构形状及其工作位置或加工位置的不同，视图的选择也往往不同。因此，在选择视图之前，应首先对零件进行形体分析和结构分析，并了解零件的工作和加工情况，以便确切地表达零件的结构形状，反映零件的设计和工艺要求。

（2）主视图的选择。

主视图是表达零件形状最重要的视图，其选择是否合理将直接影响其他视图的选择和看图是否方便，甚至会影响画图时图幅的合理利用。一般来说，零件主视图的选择应满足“合理位置”和“形状特征”两个基本原则。

①合理位置原则。

所谓合理位置通常是指零件的加工位置和工作位置。

a. 加工位置是零件在加工时所处的位置。主视图应尽量表达零件在机床上加工时所处的位置。这样在加工时可以直接进行图物对照，既便于看图和测量尺寸，又可减少差错。

b. 工作位置是零件在装配体中所处的位置。零件主视图的放置，应尽量与零件在机器或部件中的工作位置一致。这样便于根据装配关系来考虑零件的形状及有关尺寸，便于校对。

②形状特征原则。

确定了零件的安放位置后，还要确定主视图的投影方向。形状特征原则就是将最能反映零件形状特征的方向作为主视图的投影方向，即主视图要较多地反映零件各部分的形状及它们之间的相对位置，以满足表达零件清晰的要求。

（3）选择其他视图。

一般来讲，仅用一个主视图是不能完全反映零件的结构形状的，必须选择其他视图，包括剖视、断面、局部放大图和简化画法等各种表达方法。主视图确定后，对其表达未尽的部分，再选择其他视图予以完善表达。

（七）装配图的尺寸标注和技术要求

1. 装配图的尺寸标注。

由于装配图主要是用来表达零、部件装配关系的，所以在装配图中不需要标注出每个零件的全部尺寸，而只需标注出一些必要的尺寸即可。这些尺寸按其作用不同，可分为以下五类。

（1）规格尺寸。

规格尺寸是表明装配体规格和性能的尺寸，是设计和选用产品的主要依据。

（2）装配尺寸。

装配尺寸包括零件间有配合关系的配合尺寸以及零件间相对位置的尺寸。

（3）安装尺寸。

安装尺寸是机器或部件安装到基座或其他工作位置时所需的尺寸。

（4）外形尺寸。

外形尺寸是指反映装配体总长、总宽、总高的外形轮廓尺寸。

（5）其他重要尺寸。

在设计过程中，经过计算而确定的尺寸和主要零件的主要尺寸以及在装配或使用中必须说明的尺寸。

以上五类尺寸，并非装配图中每张装配图上都需要全部标注的，有时同一个尺寸，可同时兼有几种含义。所以装配图上的尺寸标注，要根据具体的装配体情况来确定。

2. 装配图的技术要求。

装配图的技术要求一般用文字注写在图样下方的空白处。技术要求因装配体的不同，其具体的内容有很大不同，但技术要求一般应包括以下几个方面。

（1）装配要求。

装配要求是指装配后必须保证的精度以及装配时的要求等。

（2）检验要求。

检验要求是指装配过程中及装配后必须保证其精度的各种检验方法。

（3）使用要求。

使用要求是对装配体的基本性能、维护、保养、使用时的要求。

（八）典型零件的规定画法

1. 螺纹的规定画法和标注。

（1）螺纹的规定画法。

①外螺纹的画法。

外螺纹的大径用粗实线表示，小径用细实线表示。螺纹小径按大径的 0.85 倍绘制。在不反映圆的视图中，小径的细实线应画入倒角内，螺纹终止线用粗实线表示，如图 1–10–14（a）所示。当需要表示螺纹收尾时，螺纹尾部的小径用与轴线成 30° 的细实线绘制，如图 1–10–14（b）所示。在反映圆的视图中，表示小径的细实线圆只画约 3/4 圈，螺杆端面上的倒角圆省略不画，如图 1–10–14 所示。剖视图中的螺纹终止线和剖面线画法如图 1–10–14（c）所示。

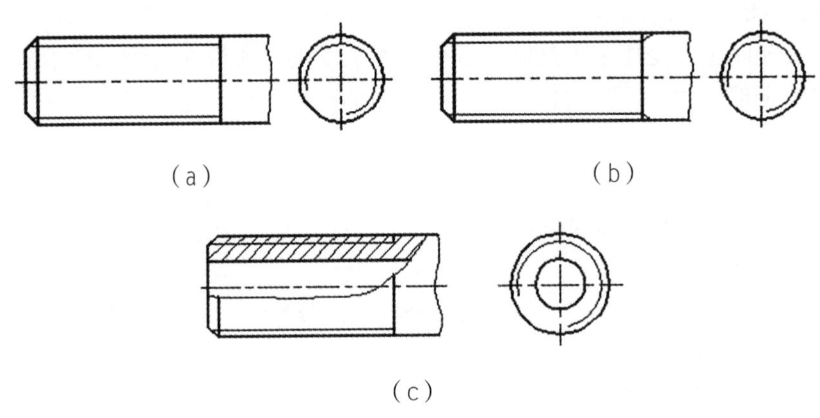

（a）　（b）

（c）

图 1–10–14　外螺纹

②内螺纹的画法。

内螺纹通常采用剖视图表达，在不反映圆的视图中，大径用细实线表示，小径和螺纹终止线用粗实线表示，且小径取大径的 0.85 倍，注意剖面线应画到粗实线；若是盲孔，终止线到孔的末端的距离可按 0.5 倍大径绘制；在反映圆的视图中，大径用约 3/4 圈的细实线圆弧绘制，孔口倒角圆不画，如图 1–10–15（a）、（b）所示。当螺孔相交时，其相贯线的画法如图 1–10–15（c）所示。当螺纹的投影不可见时，所有图线均画成细虚线，如图 1–10–15（d）所示。

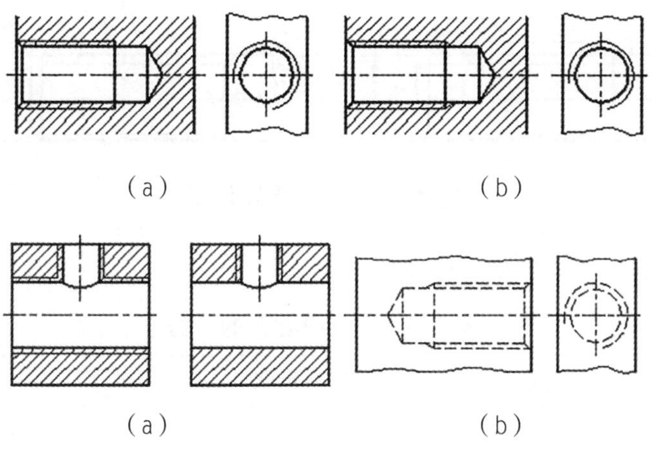

图 1-10-15　内螺纹

（2）螺纹的标注方法。

①普通螺纹。

普通螺纹用尺寸标注形式标注在内、外螺纹的大径上，如图 1-10-16 所示。其标注的具体项目和格式如下：

螺纹代号 公称直径 × 螺距 旋向 – 中径公差带代号 顶径公差带代号 – 旋合长度代号

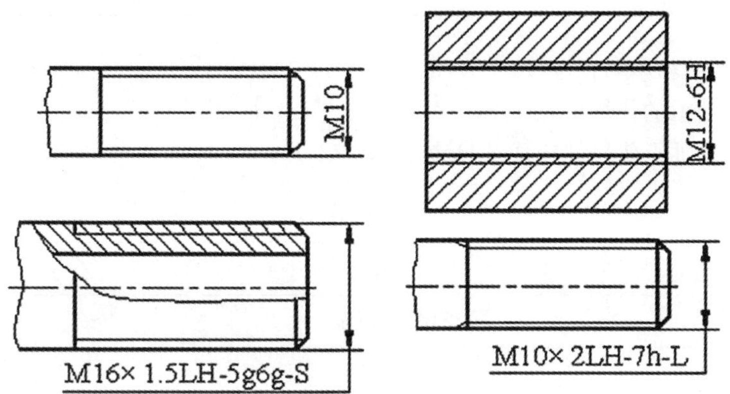

图 1-10-16　螺纹标注

②传动螺纹。

传动螺纹主要指梯形螺纹和锯齿形螺纹，它们也用尺寸标注形式，注在内外螺纹的大径上，如图 1-10-17 所示。其标注的具体项目及格式如下：

螺纹代号 公称直径 × 导程（P 螺距） 旋向 – 中径公差带代号 – 旋合长度代号

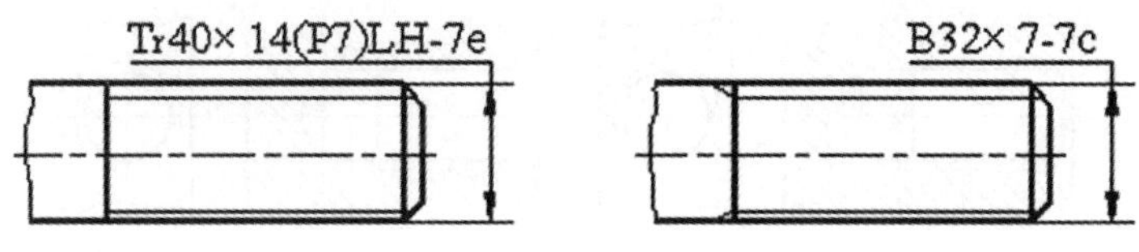

图 1–10–17　螺纹代号

2．中心孔的符号（见表 1–10–2）。

表 1–10–2　中心孔的符号

要求	符号	表示法示例	说明
在完工的零件上要求保留中心孔		GB/T 4459.5–B2.5/8	采用 B 型中心孔 D=2.5 mm　D_1=8 mm 在完工的零件上要求保留
在完工的零件上可以保留中心孔		GB/T 4459.5–A4/8.5	采用 A 型中心孔 D=4 mm　D_1=8.5 mm 在完工的零件上是否保留都可以
在完工的零件上不允许保留中心孔		GB/T 4459.5–A1.6/3.35	采用 A 型中心孔 D=1.6 mm　D_1=3.35 mm 在完工的零件上不允许保留

（九）滚动轴承的代号

1．滚动轴承的代号。

（1）滚动轴承代号的组成（见表 1–10–3）。

表 1–10–3

<table>
<tr><td rowspan="4">前置代码</td><td colspan="4">基本代号</td><td rowspan="4">后置代码</td></tr>
<tr><td colspan="3">轴承系列代码</td><td rowspan="3">内径代码</td></tr>
<tr><td rowspan="2">类型代号</td><td colspan="2">尺寸系列代号</td></tr>
<tr><td>宽度（或高度）系列代号</td><td>直径系列代号</td></tr>
</table>

（2）基本代号（见表 1–10–3）。

表 1–10–4

类型代号	轴承类型	类型代号	轴承类型
0	双列角接触球轴承	7	角接触球轴承
1	调心球轴承	8	推力圆柱滚子轴承
2	调心滚子轴承和推力调心滚子轴承	N	圆柱滚子轴承

续表

类型代号	轴承类型	类型代号	轴承类型
3	圆锥滚子轴承	U	外球面球轴承
4	双列深沟球轴承	QJ	四点接触球轴承
5	推力球轴承	C	长弧面滚子轴承（圆环轴承）
6	深沟球轴承		

表 1–10–5

内径代号（两位数）	00	01	02	03	04~96
轴承内径 /mm	10	12	15	17	代号 ×5

二、轴类零件测绘实例

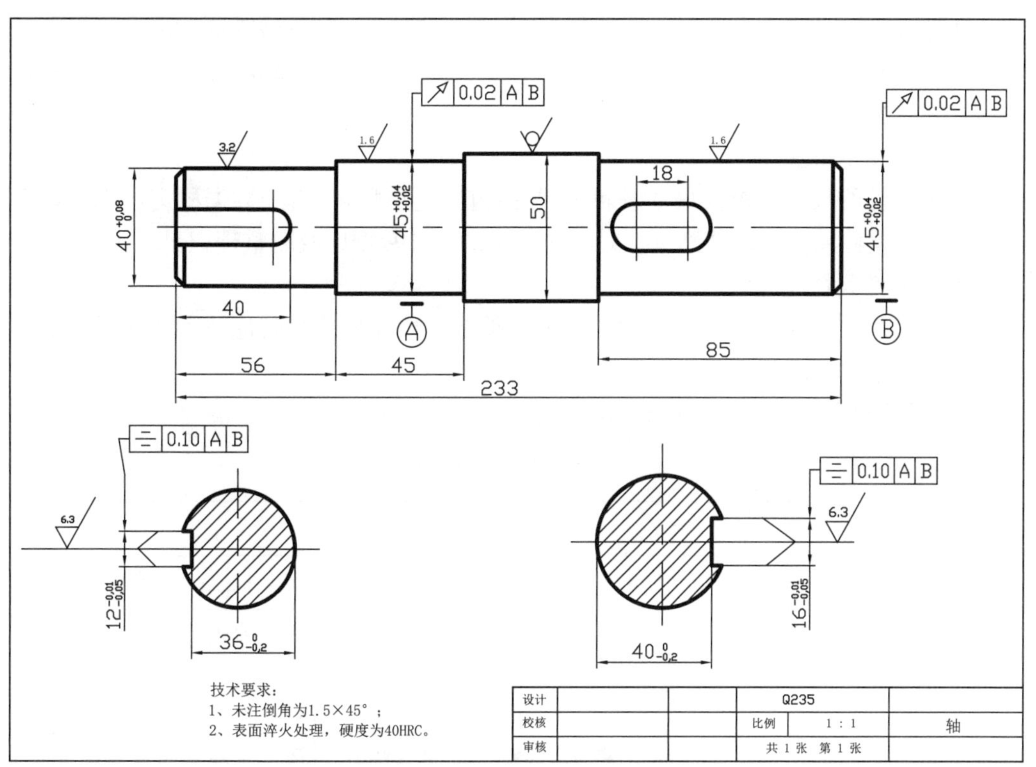

图 1–10–18　轴类零件图

（一）了解和分析轴的用途

首先应了解轴的名称、用途、材料以及它在机器（或部件）中的位置和作用；然后对该零件进行结构和制造方法的大致分析。

（二）确定视图表达方案

选择零件图的表达方案包括选择视图、选用表达方法和确定视图的数量等。

1．选择主视图。

选择主视图时，要确定零件的安放位置和投影方向。一般来说，零件图中的主视图应是零件在机器中的工作位置或主要加工位置。形状结构和尺寸的正确性。以回转体位为主要结构的简单零件，如轴，轮盘等，多按主要加工位置画主视图。

2．确定投影方向。

在位置已定的条件下，应从左右、前后四个方向选择明显的表达零件的主要结构形状和各部分之间相对位置关系的一面为主视图。

3．选择其他视图。

选择其他视图，应以主视图为基础，然后根据零件的形状特点，以完整、清晰、唯一确定它的形状为线索，采用和分析组合体相似的方法，按自然结构逐个分析视图及其表达方法，最后整合即可。

4．表达方法。

在零件表达方法中主要有：①局部视图 ；②斜视图；③旋转视图；④全剖视图；⑤半剖视图；⑥局部剖视图；⑦阶梯剖；⑧旋转剖；⑨斜剖；⑩复合剖；⑪剖面图；⑫局部放大图。

（三）尺寸测量

关键零件的尺寸、重要尺寸及较大尺寸，应反复测量，直到数据稳定可靠再计算其均值。对整件尺寸应整件测量，对间接测量的尺寸数据应及时整理记录。

（四）技术要求的确定

在零件图上，除标注基本尺寸外，还必须标注尺寸公差和其他技术要求，包括零件的行位公差、表面粗糙度、材料及热处理等要求。

1．公差配合的选择（见表 1-10-6）。

表 1-10-6

基准孔	轴																				
	a	b	c	d	e	f	g	h	js	k	m	n	p	r	s	t	u	v	x	y	z
	间隙配合								过渡配合			过盈配合									
H6						H6/f5	H6/g5	H6/h5	H6/js5	H6/k5	H6/m5	H6/n5	H6/p5	H6/r5	H6/s5	H6/t5					
H7						H7/f6	◤ H7/g6	◤ H7/h6	H7/js6	◤ H7/k6	H7/m6	◤ H7/n6	◤ H7/p6	H7/r6	◤ H7/s6	H7/t6	◤ H7/u6	H7/v6	H7/x6	H7/y6	H7/z6

续表

H8					◤ H8/e7	◤ H8/f7	H8/g7	◤ H8/h7	H8/js7	H8/k7	H8/m7	H8/n7	H8/p7	H8/r7	H8/s7	H8/t7	H8/u7				
				H8/d8	H8/e8	H8/f8		H8/h8													
H9			H9/c9	◤ H9/d9	H9/e9	H9/f9		◤ H9/h9													
H10			H10/c10	H10/d10				H10/h10													
H11	H11/a11	H11/b11	◤ H11/c11	H11/d11				◤ H11/h11													
H12		H12/b12						H12/h12													

2．形位公差（见表 1-10-7）。

表 1-10-7

基准轴	孔																				
	A	B	C	D	E	F	G	H	JS	K	M	N	P	R	S	T	U	V	X	Y	Z
	间隙配合								过渡配合			过盈配合									
H5						F6/h5	G6/h5	H6/h5	JS6/h5	K6/h5	M6/h5	N6/h5	P6/h5	R6/h5	S6/h5	T6/h5					
H6						F7/h6	◤ G7/h6	◤ H7/h6	JS7/h6	◤ K7/h6	M7/h6	◤ N7/h6	◤ P7/h6	R7/h6	◤ S7/h6	T7/h6	◤ U7/h6				
H7					E8/h7	◤ F8/h7		◤ H8/h7	JS8/h7	K8/h7	M8/h7	N8/h7									
H8				D8/h8	E8/h8	F8/h8		H8/h8													
H9				◤ D9/h9	E9/h9	F9/h9		◤ H9/h9													
H10				D10/h10				H10/h10													
H11	A11/h11	B11/h11	◤ C11/h11	D11/h11				◤ H11/h11													
H12		B12/h12						H12/h12													

在国家标准中，形位公差共有 12 种，对于轴来讲，常用圆度、圆柱度、同轴度、圆跳动、全跳动、端面跳动等项目；对轴上的键槽等结构应标注对称度、平行度等形位公差。

（五）材料及热处理

一般传动轴 35 钢或 45 钢，调质到 320~260 HBS。要求强度高的轴可以调质到 230~240 HBS 或淬硬到 35~42 HRC。在滑动轴承中运转的轴可选用 15 钢或 20 钢，经渗碳淬火到 56~62 HRC

钢的热处理方法：按热处理的目的，加热条件和特点不同，分为以下三类：

①整体热处理：退火、正火、淬火、回火。

②表面热处理：火焰淬火、感应淬火。

③化学热处理：渗碳渗氮、碳氮共渗。

（六）硬度

硬度试验方法较多，最常用的有以下几种：

①布氏硬度：HB 淬火钢球（HBS）、硬质合金球（HBW）。

②洛氏硬度：HR120° 金钢石锥（HRA）、1.588 淬火钢球（HRB）120 度金钢石圆锥（HRC）。

③维氏硬度：HV。

（七）评分标准

序号	考核内容	配分	扣分	得分	备注
1	图形正确，完整、清晰地达零件的内、外结构形状	20			
2	正确、齐全、清晰地标注零件在制造和检验时所需的全部尺寸	20			
3	合理标注尺寸的偏差和差	20			
4	合理标注形位公差	15			
5	合理标注表面粗糙度	15			
6	正确写出技术要求	5			
7	绘制标题栏和填写标题正确	5			
总分					

评分人：＿＿＿＿＿ 总分人：＿＿＿＿＿ 日期：＿＿＿年＿＿月＿＿日

典型工作任务十一　水泵拆装

◇学习目标◇

1. 能合理选用并熟练规范地使用拆装工具。
2. 能熟练地对水泵进行拆装与调整。

◇建议课时◇

20 课时。

◇学习过程◇

学习活动 1　接受任务，制定拆装计划
学习活动 2　拆装前的准备工作
学习活动 3　水泵的装配与调整

◇学习任务描述◇

学生在接受拆装任务后，查阅信息单，做好拆装前的准备工作，包括查阅水泵说明书，准备工具、清洗剂、标识牌，并做好安全防护措施。通过分析水泵结构，要求学生理解拆装任务，制定合理的拆装计划，分析、制定拆装工艺，确定拆卸顺序。拆卸过程中，清理、清洗、规范放置各零部件。在工作过程中，严格遵守拆装、搬运、用电、消防等安全规程要求。工作完成后，按照现场管理规范清理场地、归置物品，并按照环保规定处置废油、废液等废弃物。

◇任务评价◇

序号	学习活动	评价内容					占比
		活动成果（40%）	参与度（10%）	安全生产（20%）	劳动纪律（20%）	工作效率（10%）	
1	接受任务，制定拆装计划	查阅信息单	活动记录	工作记录	教学日志	完成时间	20%
2	拆装前的准备工作	工、量具、设备清单水泵的拆装	活动记录	工作记录	教学日志	完成时间	30%
3	水泵的装配与调整	水泵的拆装	活动记录	工作记录	教学日志	完成时间	50%
总计							100%

学习活动 1　接受任务，制定拆装计划

◇学习目标◇

1. 接受任务，要求学生理解任务要求。
2. 能遵守单级单吸离心泵的拆装规程。
3. 能明白单级单吸离心泵结构和工作原理及相关知识。

◇学习过程◇

一、学习准备

单级单吸离心泵说明书、任务书、机修实训手册、设备安全操作规程。图 1-11-1 为实物图。

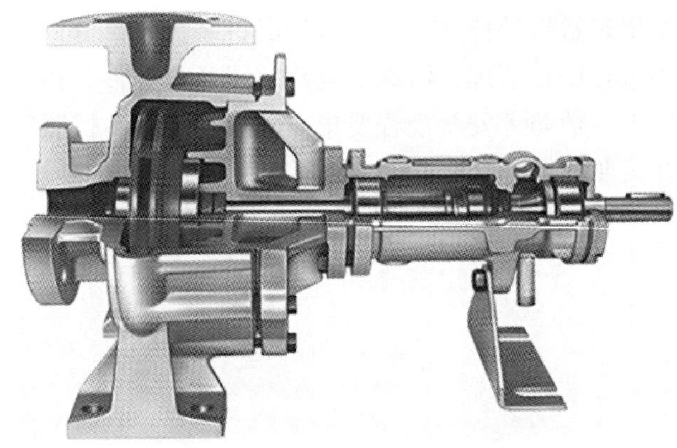

图 1-11-1　水泵实物图

二、引导问题

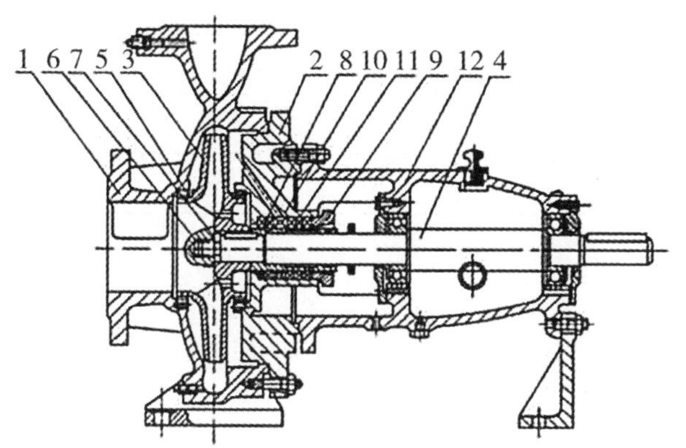

序号	名称
1	泵体
2	泵盖
3	叶轮
4	轴
5	密封环
6	叶轮螺母
7	止动垫圈
8	轴套
9	填料压盖
10	填料环
11	填料
12	悬架轴随部件

图 1-11-2　水泵装配图

1．根据实物图及图纸装配图，填写下列表格。

名称	材料	用途
叶轮螺母		
叶轮		
轴套		
填料压盖		
填料环		
填料		

2．写出单级单吸离心泵滚动轴承的形号。

3．分析单级单吸离心泵工作原理。

4．简述真空上吸与离心泵工作原理的关系。

5．根据你的分析，安排工作进度，填入下表。

序号	开始时间	结束时间	工作内容	工作要求	备注

◇温馨提示◇

小组记录需要：记录人、主持人、日期、内容等要素。

学习活动 2　拆装前的准备工作

◇学习目标◇

1. 能写出拆装前的准备工作内容。
2. 认识单级单吸离心泵拆装工作中所需的工具及设备。

◇学习过程◇

一、学习准备

单级单吸离心泵说明书、任务书、机修实训手册、设备安全操作规程。

二、引导问题

1. 装配前的准备工作有哪些？

2. 常用的零件清洗液有哪几种？各用在何种场合？

3. 写出下列图片的名称及作用。

图片	名称	作用

续表

图片	名称	作用
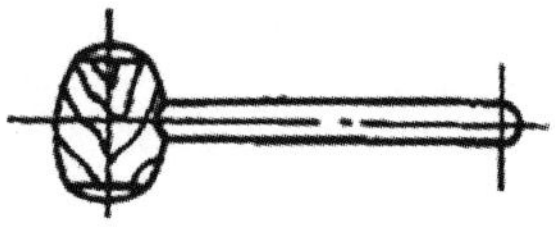		
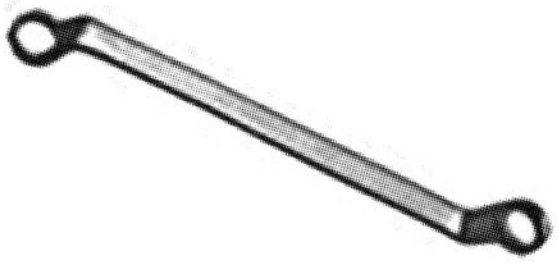		

4. 试述拆装的注意事项。

学习活动 3　水泵的装配与调整

◇学习目标◇

1. 能按照“7S”管理规范实施作业。
2. 能合理地选用并熟练规范地使用拆装工具及设备。
3. 能熟练地对单级单吸离心泵进行拆装。

◇学习过程◇

一、学习准备

单级单吸离心泵说明书、拆装工具及设备、“7S”管理规范。

二、引导问题

1. 试述拆装单级单吸离心泵的工艺。

2. 理解螺钉拧紧顺序。

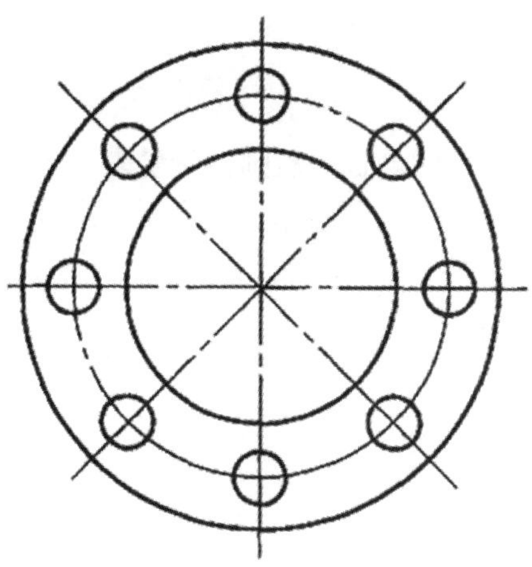

图 1-11-3　螺钉拧紧顺序图

◇评价与分析◇

活动过程评价表

班级：　　　　姓名：　　　　学号：　　　　　　　　年　　月　　日

评价项目及标准		分数	自我评价（10%）	小组评价（30%）	教师评价（60%）
操作技能	1. 拆装工具的正确、规范使用	10			
	2. 动手能力强，理论联系实际，善于灵活应用	10			
	3. 拆装的速度	10			
	4. 掌握单级单吸离心泵结构及拆装顺序的能力	20			
	5. 判断是否需要调整的方法、方式	10			
实习过程	1. 安全文明操作情况 2. 平时出勤情况 3. 是否按教师要求进行 4. 每天对工具的整理、保管及场地卫生清扫情况	20			
情感态度	1. 师生互动 2. 良好的劳动习惯 3. 组员的交流、合作 4. 实践动手操作的兴趣、态度、积极性	20			
小计		100	_×0.1=_	_×0.3=_	_×0.3=_
简要评述					

等级评定：A：优（10）B：好（8）C：一般（6）D：有待提高（4）

任课教师签字：________________

活动过程教师评价量表

班级		姓名		学号		日期	月　日	配分	得分
教师评价	劳保用品穿戴	严格按《实习守则》要求穿戴好劳保用品						5	
	平时表现评价	1. 出勤情况 2. 纪律情况 3. 工作态度 4. 任务完成质量 5. 良好的习惯，岗位卫生情况						15	

续表

<table>
<tr><td>班级</td><td colspan="2"></td><td>姓名</td><td></td><td>学号</td><td></td><td>日期</td><td>月 日</td><td>配分</td><td>得分</td></tr>
<tr><td rowspan="3">教师评价</td><td rowspan="2">综合专业技能水平</td><td>基本知识</td><td colspan="6">1. 熟悉单级单吸离心泵结构 2. 熟练查阅资料
3. 拆装工作的原则 4. 工具的使用</td><td>20</td><td></td></tr>
<tr><td>操作技能</td><td colspan="6">1. 熟练使用所用的工具
2. 能对单级单吸离心泵进行拆装
3. 装配质量能达到精度要求</td><td>30</td><td></td></tr>
<tr><td>情感态度评价</td><td colspan="7">1. 互动与团队合作
2. 良好的劳动习惯，注重提高自身的动手能力
3. 实践动手操作的兴趣、态度、积极性</td><td>10</td><td></td></tr>
<tr><td>自评</td><td>综合评价</td><td colspan="7">1. 组织纪律性，遵守实习场所纪律及有关规定
2. “7S”执行情况
3. 专业基础知识与专业操作技能的掌握情况</td><td>10</td><td></td></tr>
<tr><td>互评</td><td>综合评价</td><td colspan="7">1. 组织纪律性，遵守实习场所纪律及有关规定
2. “7S”执行情况
3. 专业基础知识与专业操作技能的掌握情况</td><td>10</td><td></td></tr>
<tr><td colspan="9">合计</td><td>100</td><td></td></tr>
<tr><td>建议</td><td colspan="10"></td></tr>
</table>

◇知识链接◇

泵的基础知识

一、泵的概念

输送液体或使液体增压的机械通称为泵。泵将原动机的机械能转变为被输送液体的动能和压力能。

二、泵可以输送的液体

泵可以输送的液体包括水、油、酸碱液、乳化液、悬浮液和液态金属，也可输送液体、气体混合物以及含悬浮固体的液体。

三、泵的分类

（1）叶片式泵：依靠快速旋转的叶轮对液体的作用力，将机械能传到液体，使动能和压力能增加，在通过泵壳时将大部分动能转变为压力能而实现输送。叶片式泵有离心泵、混流泵、轴流泵、旋流泵。

（2）容积式泵：依靠工作元件在泵缸内作往复或回转运动使容积交替增大和缩

小，实现流体的吸入和排出，工作元件作往复运动的容积式泵称往复泵，工作元件作回转运动的称回转泵。

（3）喷射式泵：利用工作流体（液体或气体）的能量来输送液体，如射流泵。

离心泵

一、离心泵

（1）离心泵：是叶片泵的一种，这种泵主要是靠叶轮旋转时叶片拨动液体旋转，使液体产生惯性离心力而工作的。

（2）离心力：指由于物体旋转而产生脱离旋转中心的力，也指在旋转参照系中的一种视示力。它使物体离开旋转轴，沿半径方向向外偏离，数值等于向心加速度，但方向相反。

二、离心泵的基本原理

离心泵在工作前，吸入管路和泵内首先要充满要输送的液体，当叶轮旋转时，叶片拨动叶轮内的液体，液体就能获得能量从叶轮内甩出，叶轮内甩出的液体经过泵壳、流道、扩散管再从排出管排出。与此同时，叶轮内产生真空，而吸入液面的液体通常在大气压作用下，经过吸入管路压入叶中，如图 1–11–4 所示。

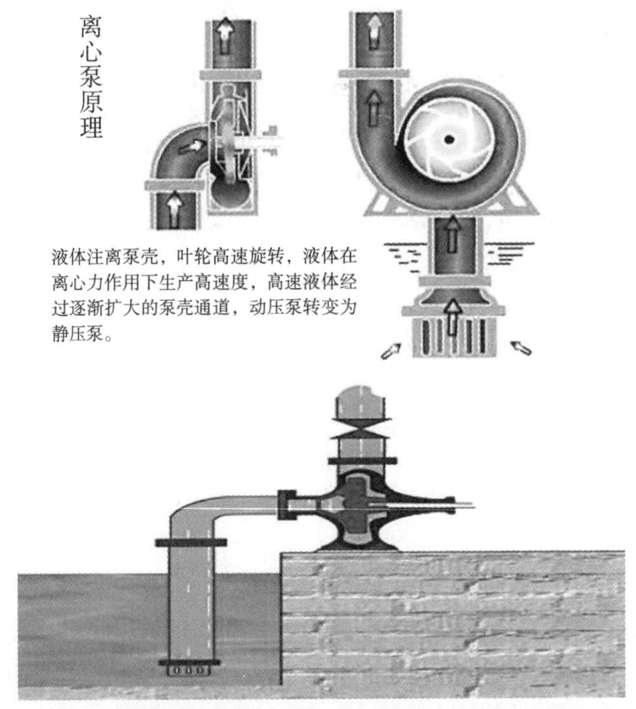

图 1–11–4　离心泵工作原理图

三、离心泵的性能参数

（1）流量 qv：单位时间内所输送的体积流量，单位为 M^3/S。

（2）扬程 H：是指单位质量液体通过泵所获得的能量以液柱高度形式表示的值，单位为 m。

（3）功率 P：通常指输入功率，即原动机的输出功率，又称轴功率，单位为 kW。

（4）效率 η：泵的效率是指有效功率 P_e 和轴功率 P 之比。

（5）允许吸上真空高度 H_S：泵在正常工作时吸入口所允许的最大真空度，叫做允许吸入真空高度，用所输送液柱高度 H_S 表示，单位为 m。

四、离心泵的分类

1．按叶轮结构分。

①开式叶轮离心泵：叶片两侧没有盖板，适用于输送污浊液体，如泥浆	
②半开式叶轮离心泵：叶轮吸入口一侧没有盖板（前盖板），它只有后盖板，适用于输送有一定黏性、易沉淀或含有杂质的液体	
③闭式叶轮离心泵：叶片左右两侧都有盖板，用于输送无杂质的液体，如清水、轻油等	

2．按泵的吸入方式分。

①单吸式离心泵：液体从一侧进入叶轮，这种泵结构简单，制造容易，但叶轮两侧所受液体总压力不同，因而有一定的轴向推力	
②双吸式离心泵 液体从两侧同时进入叶轮，这种泵结构复杂，制造困难，主要优点是流量大，减小了轴向推力	

3．按叶轮数目可分。

①单级离心泵：只有一个叶轮，扬程较低，一般不超过 50~70 m；	
②多级离心泵：泵的转动部分（转子）由多个叶轮串联，泵的扬程随叶轮数的增加而提高，扬程最大可达 2000 m。	

五、离心泵的基本构造

离心泵的基本构造是由六部分组成的，分别是叶轮、泵体、泵轴、轴承、密封环及填料函，如图 1–11–5 所示。

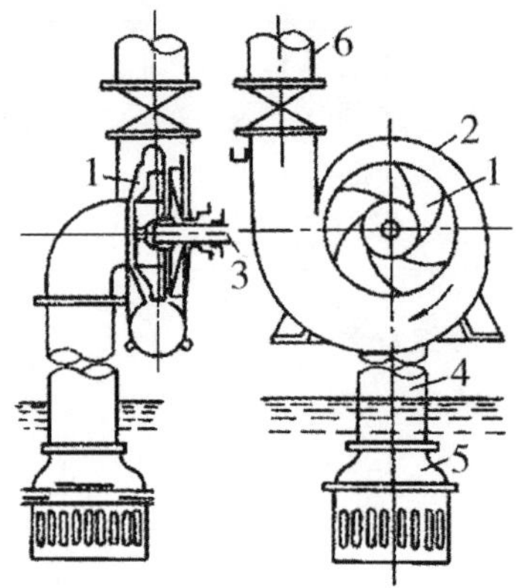

1—叶轮；2—泵壳；3—泵轴；4—吸入管；5—底阀；6—排出管

图 1–11–5　离心泵结构图

1．叶轮。

叶轮是离心水泵的核心部分，它转速高、出力大，叶轮上的叶片起到主要作用。叶轮在装配前要通过静平衡实验，叶轮的内外表面要求光滑，以减少水流的摩擦损失。

2．泵体（泵壳）。

泵体它是水泵的主体，起到支撑固定作用，并与安装轴承的托架相连接。

3．泵轴。

泵轴的作用是借助联轴器与电动机相连接，将电动机的转矩传递给叶轮，所以它是传递机械能的主要部件。

4．轴承。

轴承是套在泵轴上支撑泵轴的构件，有滚动轴承和滑动轴承两种。清水离心泵的轴承使用机油作为润滑剂，加油要刚好加到油位线，太多油会沿泵轴渗出，太少油轴承又会因过热烧坏而造成事故。在水泵运行过程中，轴承的温度最高在 85℃，一般运行在 60℃左右，如果温度高了就要查找原因（如油是否有杂质、油质是否发黑、是否进水等）并及时处理。

5．密封环（减漏环）。

叶轮进口与泵壳间的间隙过大会造成泵内高压区的水经此间隙流向低压区，影响泵的出水量，效率降低；间隙过小会造成叶轮与泵壳摩擦产生磨损。为了增加回流阻力，减少内漏，延缓叶轮和泵壳的使用寿命，在泵壳内缘和叶轮外援结合处装有密封环，密封的间隙保持在 0.25~1.10 mm 为宜。

6．填料函。

填料函主要由填料、水封环、填料筒、填料压盖、水封管组成。填料函的作用主要是为了封闭泵壳与泵轴之间的空隙，不让泵内的水流到外面，也不让外面的空气进入泵内。始终保持水泵内的真空状态，当泵轴与填料摩擦产生热量时，要靠水封管注水到水封圈内，使填料冷却！保持水泵的正常运行。所以在水泵的运行巡回检查过程中，对填料函的检查是特别要 。

IS（R）型单级单吸清水离心泵

一、IS（R）型单级单吸清水离心泵

IS（R）型单级单吸清水离心泵（见图 1-11-6）采用国际标准 ISO2858 设计，是 BA 型水泵的更新换代产品，适用工业和城市给水、排水，也可用于农业排灌。供输送清水或物理及化学性质类似清水的其他液体之用，温度不超过 80℃。

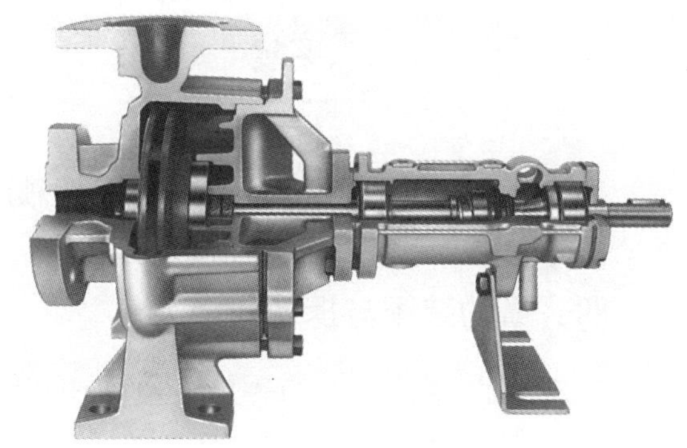

图 1-11-6　单级单吸轴向吸式离心泵展开图

IS（R）型热水泵适用于热水锅炉给水，热水循环系统，也可用于工业和城市给水、排灌，但温度不能超过 105℃。

二、泵的标记

泵的标记如图 1-11-7 所示。

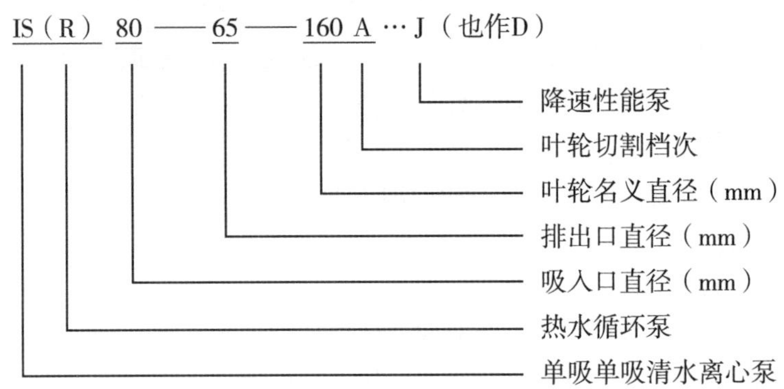

图 1-11-7　泵的标记

三、IS 单级单吸轴向吸式离心泵结构图

图 1-11-8 为单级单吸轴向吸式离心泵结构图。

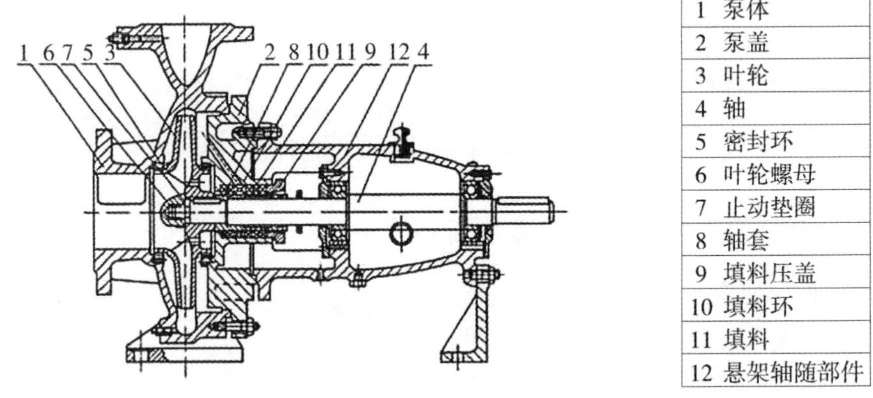

图 1-11-8　单级单吸轴向吸式离心泵结构图

四、泵的装配与拆卸

泵在装配前应首先检查零件有无影响的装配缺陷，并擦洗干净，方可进行装配。

（1）预先将各处的连接螺栓、丝堵等分别拧紧在相应的零件上。

（2）预先将 O 形密封圈、纸垫、油封等分别放在相应的零件上。

（3）预先将密封环、填料环、填料压盖等依次装到泵盖内。热水泵可预先把水冷室环盖用两个胶圈与泵盖连接。

（4）将滚动轴承装到轴上，然后装到悬架内，再合上压盖，压紧滚动轴承，并在轴上套上挡水圈。

（5）将轴套装在轴上，再将泵盖装到悬架上，然后再将叶轮、止动垫圈、叶轮螺母等装上并拧紧。最后将上述组件装到泵体内，并拧紧泵体、泵盖上的连接螺栓。

在上述装配过程中，一些零小件如平键、挡水圈、轴套内O形密封圈等容易遗漏或装错顺序，应特别注意。

五、泵的选择应注意的几点

（1）选用水泵的流量应小于水井或其他水源的正常产水量，并适当考虑枯水季节。

（2）选用水泵扬程时应按实际需要的扬程选择，并考虑水泵的管路损失。

（3）选用水泵时应考虑输送液体的温度，要小于规定的温度值。

（4）选用水泵时应考虑水泵的安装高度，即被吸液面至水泵轴线的垂直距离要小于水泵规定的高度。

六、水泵的启动、运转、停止及保养

1．启动。

（1）启动前检查泵的转动是否灵活，电机的旋转方向是否正确。

（2）向悬架内注入轴承润滑油，观察油位应在油标的两刻线之间。

（3）若为热水泵，应接好水冷系统。

（4）关闭吐出管路上的闸阀和仪表。

（5）向泵内注满所输送的液体，或用真空泵引水。

（6）接通电源当泵达到正常转速后，再逐渐打开吐出管路上的闸阀和仪表，并调节运行到所需要的工作状态（泵最好能在规定的工作状态下运行，以保证泵在最高率点附近长期运转以达到最好的节能效果）。

（7）在吐出管路的闸阀处于关闭的情况下，泵的连续工作时间不得超过3 min。

2．运转。

（1）在开车及运转过程中，必须注意观检仪表读数，轴承发热，填料漏水、发热及泵的振动和杂音等是否正常。如果发现异常情况，应及时处理。

（2）轴承的最高温度不高于80℃，轴承温度不得比周围温度高超过40℃。

（3）填料正常，漏水应该是少量均匀的，以每分钟一般不超过60滴为宜。

（4）轴承油位应保持在正常位置，不能过高或过低，过低时应及时补充润滑油。

（5）如密封环与叶轮配合部位的间隙磨损过大时，应更换新的密封环。

3．停止。

逐渐关闭吐出管路上的闸阀及仪表，然后切断电源。

4．保养。

（1）泵在工作的第一个月内，经运转100 h后更换润滑油，以后每隔500 h换油一次。

（2）在运转过程中，应经常调整填料的松紧程度，保证漏水正常。

（3）定期检查泵的轴承、密封环和轴套的磨损情况，如发现磨损过大时应及时更换。

（4）泵在环境温度低于0℃的情况下停车时，应将泵体内的液体通过泵体底部的丝堵孔放掉，以防冻裂泵体。

（5）泵长期停止使用时，须将泵全部拆开，并经清洗、上油后包装保管。

七、离心泵故障原因及解决方法

离心泵故障原因及解决方法，如表 1–11–1 所示。

表 1–11–1　离心泵故障原因及解决方法

故障	原因	方法
1. 水泵不吸水，压力表及真空表的指针激烈跳动	1. 开车前泵内灌水不够 2. 吸入管或仪表漏气 3. 吸入口没有浸没在水中	1. 停车后再往泵内灌满水 2. 找到漏气处并拧紧 3. 降低吸水口，使之浸入水中
2. 水泵不吸水，真空表表示高度真空	1. 底阀没有打开或已淤塞 2. 吸水管的阻力太大 3 吸水高度太高 4. 吸水部分浸没深度不够	1. 检修、清洗或更换底阀 2. 清洗或更换吸水管路 3 降低吸水高度 4 增加吸水部分浸没深度
3. 压力表显示有压力，但泵不出水	1. 出水管路阻力太大 2. 旋转方向不对 3. 叶轮流道堵塞 4. 转速不够	1. 检修及缩短出水管路 2. 检查电机旋转方向 3. 取下进水管接头，清理叶轮流道 4. 增加水泵转速至额定要求
4. 流量不够	1. 水泵堵塞 2. 叶轮和泵体之间磨损间隙过大 3. 出水闸阀开得过小或管路漏水 4. 转速低于规定值	1. 清洗水泵及吸水管路 2. 更换叶轮，调整间隙 3. 适当开启闸阀，检修漏水处或更换水管。 4. 调整至额定转速
5. 泵转动过程中消耗功率过大	1. 转子与固定件之间擦碰 2. 轴承部分磨损或损坏 3. 流量过大	1. 检查原因，消除擦碰 2. 更换损坏的轴承 3. 减少流量
6. 泵内声音异常，泵不上水	1. 吸水管阻力过大 2. 吸水高度过高 3. 在吸入管处有空气进入 4. 所输送液体温度过 5. 流量过大	1. 清理吸水管路及底阀 2. 降低吸水高度 3. 检修漏气处 4. 降低吸水温度 5. 关小出水管路闸阀及降低流量
7 泵轴过热	1. 润滑油不足 2. 泵轴与电机轴不在同一中心线上 3. 无冷却水	1. 添加润滑油 2. 校正泵轴及电机轴使之在同一中心线上 3. 通入冷却水
8. 水泵振动不正常	1. 泵发生气蚀 2. 泵轴与电机不在同一中心线上 3. 地脚螺栓松动	1. 调节出水闸阀，使之在规定性能范围运转 2. 校正泵轴及电机轴使之在同一中心线上 3 拧紧地脚螺栓

第二部分　高级工

典型工作任务一　凸轮机构制作

◇学习目标◇

1. 学生能通过各种渠道收集相关资料，加强学生的自学能力。
2. 了解凸轮机构的分类及应用，了解凸轮阿基米德螺旋线的画法。
3. 熟悉铣床、车床的基本操作，能按照图样要求进行平面铣削、台阶轴的加工。
4. 学习钳工装配方面的相关知识及操作技能。
5. 能与他人合作并进行有效沟通。

◇建议课时◇

78 学时。

◇学习过程◇

学习活动 1　支撑脚制作
学习活动 2　底板制作
学习活动 3　立板制作
学习活动 4　推杆座制作
学习活动 5　摇杆臂制作
学习活动 6　隔圈制作
学习活动 7　凸轮制作
学习活动 8　推杆制作
学习活动 9　转轴制作
学习活动 10　摇杆制作
学习活动 11　凸轮机构装配
学习活动 12　工作小结

◇学习任务描述◇

凸轮机构是机械中最常见的机构，为有效开展凸轮机构教学，现在学校有一批 50 套凸轮机构教具的生产任务，应学院系部要求，请我们班来完成该生产任务。

学习活动1　支撑脚制作

◇学习目标◇

1．锯削、锉削、量具使用等基础恢复训练。
2．钻床、阶梯孔加工知识恢复训练。
3．会零件图识读、划线、加工工艺编写。

◇学习过程◇

一、学习准备

图纸、任务书、教材、网络资料。

二、接受、明确加工任务

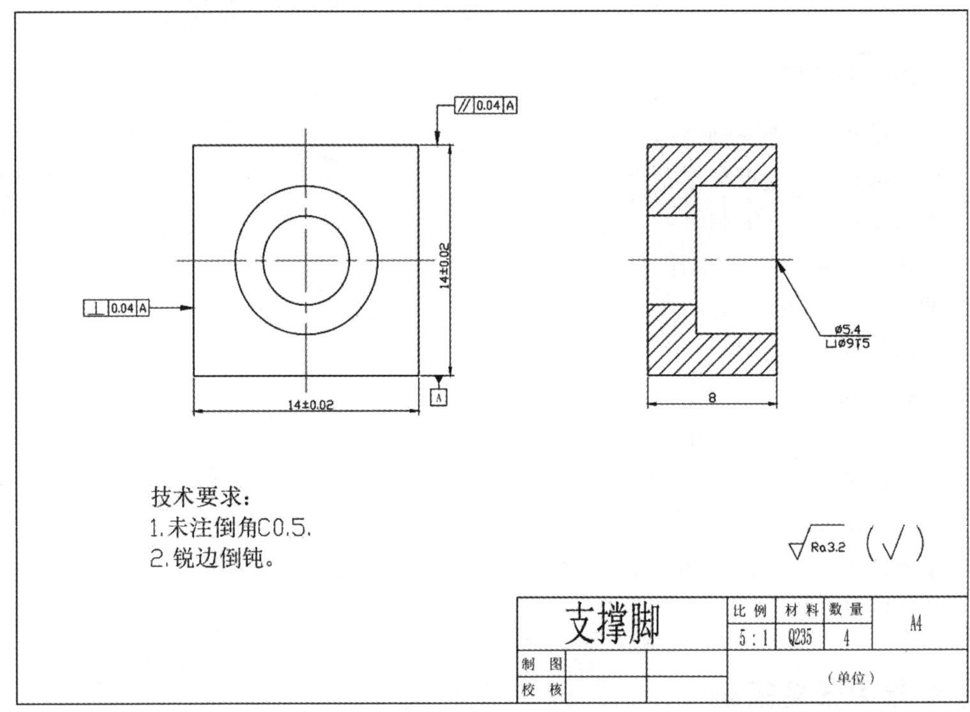

图2-1-1　支撑脚图纸

三、引导问题

1．明确零件名称、制作材料、零件数量和完成时间。

零件名称：____________________　　制作材料：____________________

零件数量：____________________　　完成时间：____________________

2．根据加工图样，确定加工毛坯尺寸大小为____________________；加工工件外形大小为____________________。

3．重要尺寸分析及加工方法制定。

重要尺寸	加工方法

4．孔加工时需要使用的钻头大小及转速。

使用钻头直径 /mm	需要的转速 / r/min

5．支撑脚台阶孔加工注意事项有哪些？

6．制定简略加工顺序。

7. 查阅资料，填写加工工艺卡。

<table>
<tr><td colspan="3" rowspan="2">（单位）</td><td rowspan="2">加工工艺卡</td><td>产品名称</td><td colspan="2"></td><td>图号</td><td colspan="3"></td></tr>
<tr><td>零件名称</td><td colspan="2"></td><td>数量</td><td colspan="2"></td><td>第　页</td></tr>
<tr><td colspan="2">材料种类</td><td>材料成分</td><td></td><td>毛坯尺寸</td><td colspan="5"></td><td>共　页</td></tr>
<tr><td rowspan="2">工序</td><td rowspan="2">工步</td><td colspan="3" rowspan="2">工序内容</td><td rowspan="2">车间</td><td rowspan="2">设备</td><td colspan="2">工具</td><td rowspan="2">计划工时</td><td rowspan="2">实际工时</td></tr>
<tr><td>夹具</td><td>量刃具</td></tr>
<tr><td rowspan="13"></td><td></td><td colspan="3"></td><td rowspan="13"></td><td rowspan="13"></td><td></td><td></td><td></td><td></td></tr>
<tr><td></td><td colspan="3"></td><td></td><td></td><td></td><td></td></tr>
<tr><td></td><td colspan="3"></td><td></td><td></td><td></td><td></td></tr>
<tr><td></td><td colspan="3"></td><td></td><td></td><td></td><td></td></tr>
<tr><td></td><td colspan="3"></td><td></td><td></td><td></td><td></td></tr>
<tr><td></td><td colspan="3"></td><td></td><td></td><td></td><td></td></tr>
<tr><td></td><td colspan="3"></td><td></td><td></td><td></td><td></td></tr>
<tr><td></td><td colspan="3"></td><td></td><td></td><td></td><td></td></tr>
<tr><td></td><td colspan="3"></td><td></td><td></td><td></td><td></td></tr>
<tr><td></td><td colspan="3"></td><td></td><td></td><td></td><td></td></tr>
<tr><td></td><td colspan="3"></td><td></td><td></td><td></td><td></td></tr>
<tr><td></td><td colspan="3"></td><td></td><td></td><td></td><td></td></tr>
<tr><td></td><td colspan="3"></td><td></td><td></td><td></td><td></td></tr>
<tr><td colspan="2">更改号</td><td colspan="3"></td><td colspan="2">拟定</td><td>校正</td><td>审核</td><td colspan="2">批准</td></tr>
<tr><td colspan="2">更改者</td><td colspan="3"></td><td colspan="2"></td><td></td><td></td><td colspan="2"></td></tr>
<tr><td colspan="2">日期</td><td colspan="3"></td><td colspan="2"></td><td></td><td></td><td colspan="2"></td></tr>
</table>

四、按加工工艺加工

1. 记录加工中遇到的问题。

2. 查阅资料，分析产生问题的原因。

五、工件检测

考核项目	考核要求	配分	评分标准	检测结果	扣分	得分	备注
锉削	14 ± 0.02 mm（4 件）	40	每超差 0.01 mm 扣 2 分				
	// 0.04 A	8	每超差 0.02 mm 扣 1 分				
	⊥ 0.04 A	8	每超差 0.02 mm 扣 1 分				
	表明粗糙度 Ra3.2 μm	8	每降低一个等级扣 2 分				
孔加工	2× Φ5.4 / ⌴ Φ ↧95 台阶孔加工	16	孔结构错误扣 1~10 分				
安全文明生产	安全文明有关规定	10	违反有关规定，酌情扣 1~10 分				
	周围场地整洁；工、量、夹具摆放合理	10	不整洁或不合理，酌情扣总分 1~10 分				
备注	每处尺寸超差≥ 1 mm 或有缺陷的酌情扣考件总分 5~30 分						

六、加工经验总结

◇温馨提示◇

小组记录需要：记录人、主持人、日期、内容等要素。

学习活动 2　底板制作

◇学习目标◇

1. 锯削、锉削、量具使用等基础恢复训练。
2. 钻床使用相关知识，阶梯孔、螺纹孔加工知识恢复训练。
3. 会零件图识读、划线、加工工艺编写。

◇学习过程◇

一、学习准备

图纸、任务书、教材、网络资料。

二、接受、明确加工任务

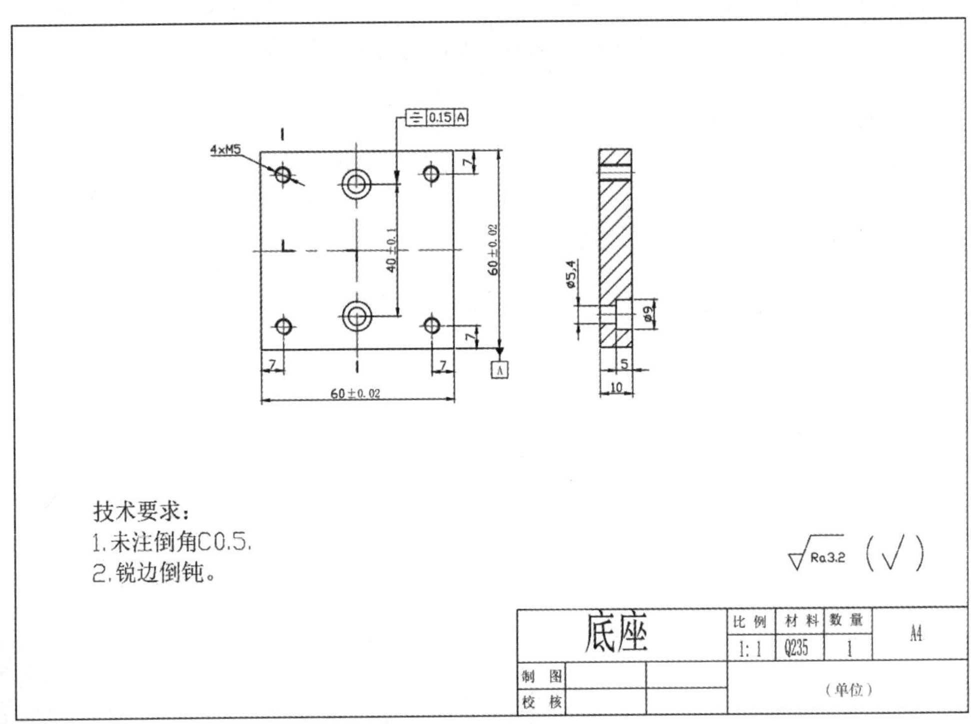

图 2-1-2　底板图纸

三、引导问题

1．明确零件名称、制作材料、零件数量和完成时间。

零件名称：____________________　　制作材料：____________________

零件数量：____________________　　完成时间：____________________

2．根据加工图样，确定加工毛坯尺寸大小为____________________；加工工件外形大小为____________________。

3．重要尺寸分析及加工方法制定。

重要尺寸	加工方法

4．孔加工时需要使用的钻头大小及转速。

使用钻头直径 /mm	需要的转速 / r/min

5．支撑脚台阶孔加工注意事项有哪些？

6．底板上攻螺纹时的注意事项。

7. 制定简略加工顺序。

8. 查阅资料，填写加工工艺卡。7. 查阅资料，填写加工工艺卡。

<table>
<tr><td colspan="3" rowspan="2">（单位）</td><td rowspan="2">加工工艺卡</td><td>产品名称</td><td colspan="2"></td><td>图号</td><td colspan="2"></td></tr>
<tr><td>零件名称</td><td colspan="2"></td><td>数量</td><td></td><td>第　页</td></tr>
<tr><td colspan="2">材料种类</td><td>材料成分</td><td></td><td>毛坯尺寸</td><td colspan="2"></td><td colspan="2"></td><td>共　页</td></tr>
<tr><td rowspan="2">工序</td><td rowspan="2">工步</td><td rowspan="2" colspan="2">工序内容</td><td rowspan="2">车间</td><td rowspan="2">设备</td><td colspan="2">工具</td><td rowspan="2">计划工时</td><td rowspan="2">实际工时</td></tr>
<tr><td>夹具</td><td>量刃具</td></tr>
<tr><td rowspan="13"></td><td></td><td colspan="2"></td><td rowspan="13"></td><td rowspan="13"></td><td></td><td></td><td></td><td></td></tr>
<tr><td></td><td colspan="2"></td><td></td><td></td><td></td><td></td></tr>
<tr><td></td><td colspan="2"></td><td></td><td></td><td></td><td></td></tr>
<tr><td></td><td colspan="2"></td><td></td><td></td><td></td><td></td></tr>
<tr><td></td><td colspan="2"></td><td></td><td></td><td></td><td></td></tr>
<tr><td></td><td colspan="2"></td><td></td><td></td><td></td><td></td></tr>
<tr><td></td><td colspan="2"></td><td></td><td></td><td></td><td></td></tr>
<tr><td></td><td colspan="2"></td><td></td><td></td><td></td><td></td></tr>
<tr><td></td><td colspan="2"></td><td></td><td></td><td></td><td></td></tr>
<tr><td></td><td colspan="2"></td><td></td><td></td><td></td><td></td></tr>
<tr><td></td><td colspan="2"></td><td></td><td></td><td></td><td></td></tr>
<tr><td></td><td colspan="2"></td><td></td><td></td><td></td><td></td></tr>
<tr><td></td><td colspan="2"></td><td></td><td></td><td></td><td></td></tr>
<tr><td colspan="2">更改号</td><td colspan="2"></td><td colspan="2">拟定</td><td>校正</td><td>审核</td><td colspan="2">批准</td></tr>
<tr><td colspan="2">更改者</td><td colspan="2"></td><td colspan="2"></td><td></td><td></td><td colspan="2"></td></tr>
<tr><td colspan="2">日期</td><td colspan="2"></td><td colspan="2"></td><td></td><td></td><td colspan="2"></td></tr>
</table>

四、按加工工艺加工

1. 记录加工中遇到的问题。

2．查阅资料，分析产生问题的原因。

五、工件检测

考核项目	考核要求	配分	评分标准	检测结果	扣分	得分	备注
锉削	60 ± 0.02 mm	20	每超差 0.01 mm 扣 2 分				
	表明粗糙度 $Ra3.2\mu m$	10	每降低一个等级扣 2 分				
孔加工	40 ± 0.1 mm	10	每超差 0. 05 mm 扣 2 分				
	4 × M5 螺纹孔	20	位置错误扣 1–10 分				
	2 × Φ5.4 ⌴ Φ ↧95 台阶孔加工	10	孔结构错误扣 1–10 分				
	⌯ 0.15 A	10	每超差 0.1 mm 扣 2 分				
安全文明生产	安全文明有关规定	10	违反有关规定，酌情扣 1~10 分				
	周围场地整洁，工、量、夹具摆放合理	10	不整洁或不合理，酌情扣总分 1~10 分				
备注	每处尺寸超差≥ 1 mm 或有缺陷的，酌情扣考件总分 5~30 分						

六、加工经验总结

◇温馨提示◇

小组记录需要：记录人、主持人、日期、内容等要素。

学习活动 3　立板制作

◇学习目标◇

1. 学会内外圆弧的加工及测量方法及万能角度尺的使用。
2. 学会盲孔（不通孔）的加工及盲孔中螺纹的加工。
3. 会零件图的识读、划线、加工工艺编写。

◇学习过程◇

一、学习准备

图纸、任务书、教材、网络资料。

二、接受、明确加工任务

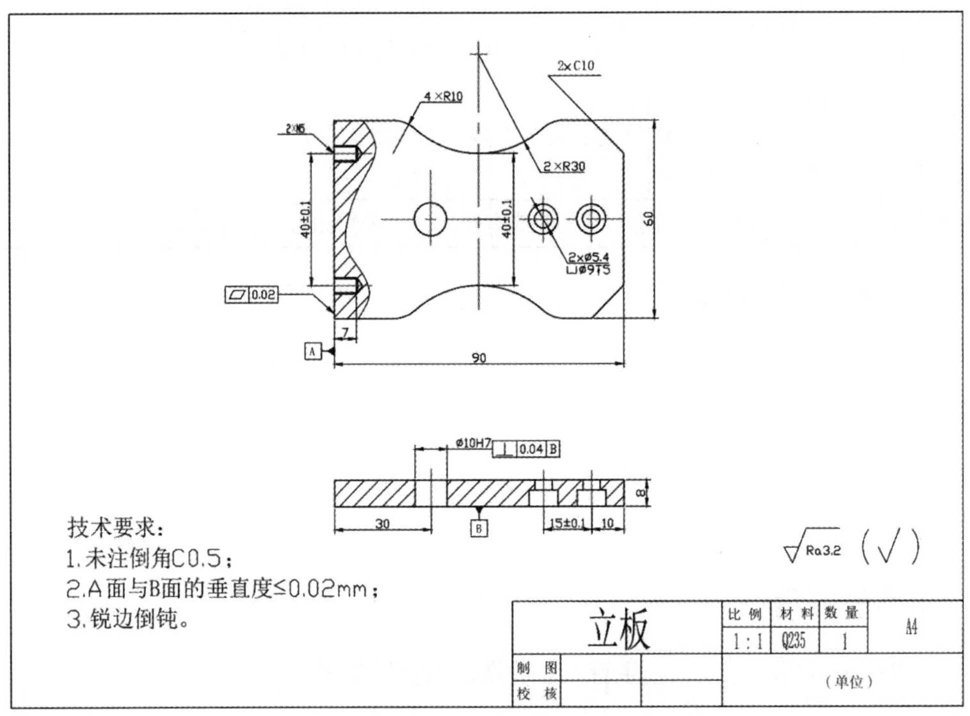

图 2-1-3　立板图纸

三、引导问题

1. 明确零件名称、制作材料、零件数量和完成时间。

零件名称：＿＿＿＿＿＿＿＿＿＿　制作材料：＿＿＿＿＿＿＿＿＿＿

零件数量：＿＿＿＿＿＿＿＿＿＿　完成时间：＿＿＿＿＿＿＿＿＿＿

2. 根据加工图样，确定加工毛坯尺寸大小为＿＿＿＿＿＿＿＿；加工工件外形大小为＿＿＿＿＿＿＿＿＿＿。

3. 重要尺寸分析及加工方法制定。

重要尺寸	加工方法

4. 孔加工时需要使用的钻头大小及转速。

使用钻头直径 /mm	需要的转速 / r/min

5. 图样中 *C*10 所表达的含义是什么？

6. *R*30 圆弧如何划线，简述其方法？

7. 立板上盲孔加工时的注意事项有哪些？

8．铰孔时底孔怎么计算？铰孔时有哪些注意事项？

9．制定简略加工顺序。

10．查阅资料，填写加工工艺卡。

<table>
<tr><td colspan="3" rowspan="2">（单位）</td><td rowspan="2">加工工艺卡</td><td>产品名称</td><td colspan="2"></td><td>图号</td><td colspan="3"></td></tr>
<tr><td>零件名称</td><td colspan="2"></td><td>数量</td><td colspan="2"></td><td>第　页</td></tr>
<tr><td colspan="2">材料种类</td><td>材料成分</td><td></td><td>毛坯尺寸</td><td colspan="2"></td><td colspan="3"></td><td>共　页</td></tr>
<tr><td rowspan="2">工序</td><td rowspan="2">工步</td><td colspan="3" rowspan="2">工序内容</td><td rowspan="2">车间</td><td rowspan="2">设备</td><td colspan="2">工具</td><td rowspan="2">计划工时</td><td rowspan="2">实际工时</td></tr>
<tr><td>夹具</td><td>量刃具</td></tr>
<tr><td rowspan="13"></td><td></td><td colspan="3"></td><td rowspan="13"></td><td rowspan="13"></td><td></td><td></td><td></td><td></td></tr>
<tr><td></td><td colspan="3"></td><td></td><td></td><td></td><td></td></tr>
<tr><td></td><td colspan="3"></td><td></td><td></td><td></td><td></td></tr>
<tr><td></td><td colspan="3"></td><td></td><td></td><td></td><td></td></tr>
<tr><td></td><td colspan="3"></td><td></td><td></td><td></td><td></td></tr>
<tr><td></td><td colspan="3"></td><td></td><td></td><td></td><td></td></tr>
<tr><td></td><td colspan="3"></td><td></td><td></td><td></td><td></td></tr>
<tr><td></td><td colspan="3"></td><td></td><td></td><td></td><td></td></tr>
<tr><td></td><td colspan="3"></td><td></td><td></td><td></td><td></td></tr>
<tr><td></td><td colspan="3"></td><td></td><td></td><td></td><td></td></tr>
<tr><td></td><td colspan="3"></td><td></td><td></td><td></td><td></td></tr>
<tr><td></td><td colspan="3"></td><td></td><td></td><td></td><td></td></tr>
<tr><td></td><td colspan="3"></td><td></td><td></td><td></td><td></td></tr>
<tr><td colspan="2">更改号</td><td colspan="3"></td><td colspan="2">拟定</td><td>校正</td><td>审核</td><td colspan="2">批准</td></tr>
<tr><td colspan="2">更改者</td><td colspan="3"></td><td colspan="2"></td><td></td><td></td><td colspan="2"></td></tr>
<tr><td colspan="2">日期</td><td colspan="3"></td><td colspan="2"></td><td></td><td></td><td colspan="2"></td></tr>
</table>

四、按加工工艺加工

1．记录加工中遇到的问题。

2．查阅资料，分析产生问题的原因。

五、工件检测

考核项目	考核要求	配分	评分标准	检测结果	扣分	得分	备注
锉削	60×90 mm 外形	10	每超差 0.02 mm 扣 2 分				
	4×R10 圆弧	10	根据情况误差扣分				
	2×R30 圆弧	10	根据情况误差扣分				
	2×C10 倒角	10	根据情况误差扣分				
	▱ 0.04	5	每超差 0.01 mm 扣 2 分				
	表明粗糙度 Ra3.2μm	5	每降低一个等级扣 2 分				
孔加工	40 ± 0.1 mm	5	每超差 0.05 mm 扣 2 分				
	15 ± 0.1 mm	5	每超差 0.05 mm 扣 2 分				
	2×M5 螺纹孔	5	位置错误扣 1~10 分				
	Φ10H7 通孔	5	孔结构错误扣 1–10 分				
	⊥ 0.04 B	5	每超差 0.02 mm 扣 2 分				
	2×Φ5.4 ⌴Φ↧95 台阶孔加工	5	每超差 0.1 mm 扣 2 分				
安全文明生产	安全文明有关规定	5	违反有关规定，酌情扣 1~10 分				
	周围场地整洁；工、量、夹具摆放合理	10	不整洁或不合理，酌情扣总分 1~10 分				
备注	每处尺寸超差≥ 1 mm 或有缺陷的酌情扣考件总分 5~30 分						

六、加工经验总结

◇温馨提示◇

小组记录需要：记录人、主持人、日期、内容等要素。

学习活动 4　推杆座制作

◇学习目标◇

1. 学会深孔的加工方法及位置尺寸的控制。
2. 强化盲孔、螺纹孔的加工及尺寸控制训练。
3. 会零件图的识读、加工工艺编写。

◇学习过程◇

一、学习准备

图纸、任务书、教材、网络资料。

二、接受、明确加工任务

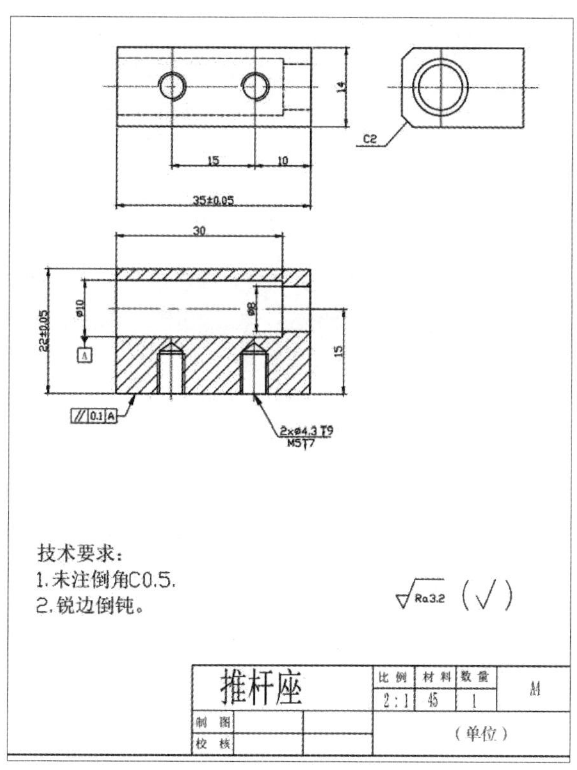

图 2-1-4　推杆座图纸

三、引导问题

1．明确零件名称、制作材料、零件数量和完成时间。

零件名称：______________________ 制作材料：______________________

零件数量：______________________ 完成时间：______________________

2．根据加工图样，确定加工毛坯尺寸大小为______________________；加工工件外形大小为______________________。

3．重要尺寸分析及加工方法制定。

重要尺寸	加工方法

4．孔加工时需要使用的钻头大小及转速。

使用钻头直径 /mm	需要的转速 / r/min

5．什么叫深孔？

6．深孔钻削的方法及注意事项是什么？

7．制定简略加工顺序。

8. 查阅资料，填写加工工艺卡。

<table>
<tr><td colspan="3" rowspan="2">（单位）</td><td rowspan="2">加工工艺卡</td><td>产品名称</td><td colspan="2"></td><td>图号</td><td colspan="3"></td></tr>
<tr><td>零件名称</td><td colspan="2"></td><td>数量</td><td colspan="2"></td><td>第　页</td></tr>
<tr><td colspan="2">材料种类</td><td>材料成分</td><td></td><td>毛坯尺寸</td><td colspan="5"></td><td>共　页</td></tr>
<tr><td rowspan="2">工序</td><td rowspan="2">工步</td><td colspan="3" rowspan="2">工序内容</td><td rowspan="2">车间</td><td rowspan="2">设备</td><td colspan="2">工具</td><td rowspan="2">计划工时</td><td rowspan="2">实际工时</td></tr>
<tr><td>夹具</td><td>量刃具</td></tr>
<tr><td rowspan="13"></td><td></td><td colspan="3"></td><td rowspan="13"></td><td rowspan="13"></td><td></td><td></td><td></td><td></td></tr>
<tr><td></td><td colspan="3"></td><td></td><td></td><td></td><td></td></tr>
<tr><td></td><td colspan="3"></td><td></td><td></td><td></td><td></td></tr>
<tr><td></td><td colspan="3"></td><td></td><td></td><td></td><td></td></tr>
<tr><td></td><td colspan="3"></td><td></td><td></td><td></td><td></td></tr>
<tr><td></td><td colspan="3"></td><td></td><td></td><td></td><td></td></tr>
<tr><td></td><td colspan="3"></td><td></td><td></td><td></td><td></td></tr>
<tr><td></td><td colspan="3"></td><td></td><td></td><td></td><td></td></tr>
<tr><td></td><td colspan="3"></td><td></td><td></td><td></td><td></td></tr>
<tr><td></td><td colspan="3"></td><td></td><td></td><td></td><td></td></tr>
<tr><td></td><td colspan="3"></td><td></td><td></td><td></td><td></td></tr>
<tr><td></td><td colspan="3"></td><td></td><td></td><td></td><td></td></tr>
<tr><td></td><td colspan="3"></td><td></td><td></td><td></td><td></td></tr>
<tr><td colspan="2">更改号</td><td colspan="3"></td><td colspan="2">拟定</td><td>校正</td><td>审核</td><td colspan="2">批准</td></tr>
<tr><td colspan="2">更改者</td><td colspan="3"></td><td colspan="2"></td><td></td><td></td><td colspan="2"></td></tr>
<tr><td colspan="2">日期</td><td colspan="3"></td><td colspan="2"></td><td></td><td></td><td colspan="2"></td></tr>
</table>

四、按加工工艺加工

1. 记录加工中遇到的问题。

2. 查阅资料，分析产生问题的原因。

五、工件检测

考核项目	考核要求	配分	评分标准	检测结果	扣分	得分	备注
锉削	35 ± 0.05 mm	10	每超差 0.01 mm 扣 2 分				
	22 ± 0.05 mm	10	每超差 0.01 mm 扣 2 分				
	*C*2	10	根据倒角质量扣分				
	表明粗糙度 *Ra*3.2μm	10	每降低一个等级扣 2 分				
孔加工	孔位置尺寸	10	位置错误扣 1~10 分				
	$\frac{2\times\Phi4.3\downarrow9}{\text{M5}\downarrow7}$ 螺纹孔加工	10	孔加工错误扣 2 分				
	台阶孔加工	10	孔结构错误扣 1~10 分				
	// 0.1 A	10	每超差 0.05 mm 扣 2 分				
安全文明生产	安全文明有关规定	10	违反有关规定，酌情扣 1~10 分				
	周围场地整洁；工、量、夹具摆放合理	10	不整洁或不合理，酌情扣总分 1~10 分				
备注	每处尺寸超差≥ 1 mm 或有缺陷的酌情扣考件总分 5~30 分						

六、加工经验总结

◇温馨提示◇

小组记录需要：记录人、主持人、日期、内容等要素。

学习活动5　摇杆臂制作

◇学习目标◇

1. 学会平面划线的相关知识。
2. 学会圆弧面上钻孔及攻螺纹的方法。
3. 会零件图的识读、加工工艺编写。

◇学习过程◇

一、学习准备

图纸、任务书、教材、网络资料。

二、接受、明确加工任务

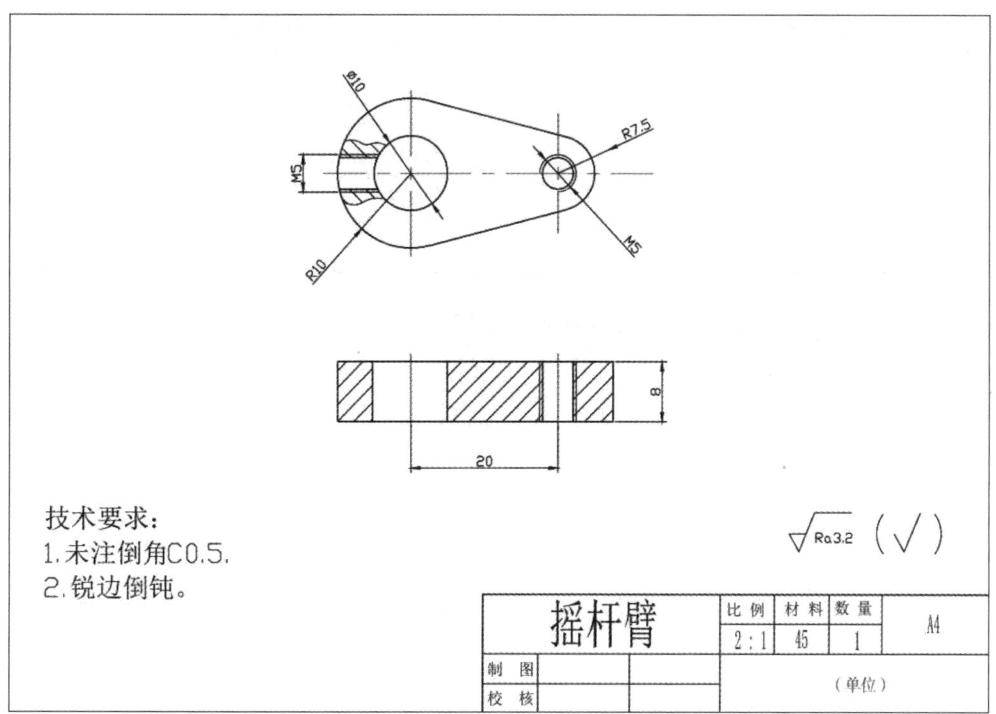

图 2-1-5　摇杆臂图纸

三、引导问题

1．明确零件名称、制作材料、零件数量和完成时间。

零件名称：__________________　　制作材料：__________________

零件数量：__________________　　完成时间：__________________

2．根据加工图样，确定加工毛坯尺寸大小为__________________；加工工件外形大小为__________________。

3．重要尺寸分析及加工方法制定。

重要尺寸	加工方法

4．孔加工时需要使用的钻头大小及转速。

使用钻头直径 /mm	需要的转速 / r/min

5．怎样在圆弧面上钻孔，简述其操作步骤？

6．制定简略加工顺序。

7．查阅资料，填写加工工艺卡。

（单位）			加工工艺卡	产品名称		图号		
				零件名称		数量		第　页
材料种类	材料成分		毛坯尺寸					共　页
工序	工步	工序内容	车间	设备	工具		计划工时	实际工时
					夹具	量刃具		
更改号			拟定		校正	审核	批准	
更改者								
日期								

四、按加工工艺加工

1．记录加工中遇到的问题。

2．查阅资料，分析产生问题的原因。

五、工件检测

考核项目	考核要求	配分	评分标准	检测结果	扣分	得分	备注
锉削	$R10$	10	每超差 0.1 mm 扣 2 分				
	$R7.5$	10	每超差 0.1 mm 扣 2 分				
	两链接平面与圆弧的过渡情况	10	根据平面与圆弧过渡质量情况扣分				
	表明粗糙度 $Ra3.2$ μm	10	每降低一个等级扣 2 分				
孔加工	孔位置尺寸 20 mm	10	位置错误扣 1~10 分				
	M5 螺纹孔加工	20	孔加工错误扣 2 分				
	Φ10 通孔孔加工	10	位置错误扣 1~10 分				
安全文明生产	安全文明有关规定	10	违反有关规定，酌情扣 1~10 分				
	周围场地整洁；工、量、夹具摆放合理	10	不整洁或不合理，酌情扣总分 1~10 分				
备注	每处尺寸超差≥ 1 mm 或有缺陷的酌情扣考件总分 5~30 分						

六、加工经验总结

◇温馨提示◇

小组记录需要：记录人、主持人、日期、内容等要素。

学习活动 6　隔圈制作

◇学习目标◇

1. 外圆弧的锉削及测量方法。
2. 会零件图的识读、加工工艺编写。

◇学习过程◇

一、学习准备

图纸、任务书、教材、网络资料。

二、接受、明确加工任务

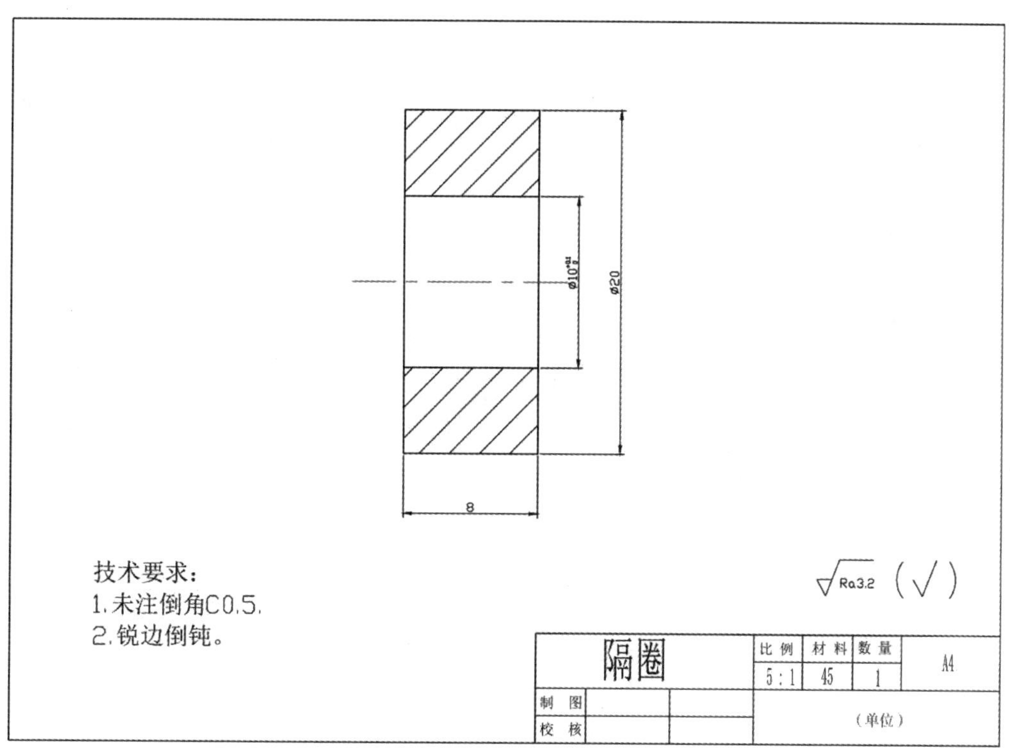

图 2-1-6　隔圈图纸

三、引导问题

1. 明确零件名称、制作材料、零件数量和完成时间。

零件名称：____________________ 制作材料：____________________

零件数量：____________________ 完成时间：____________________

2. 根据加工图样，确定加工毛坯尺寸大小为__________________；加工工件外形大小为________________________。

3. 重要尺寸分析及加工方法制定。

重要尺寸	加工方法

4. 制定简略加工顺序。

5. 查阅资料，填写加工工艺卡。

<table>
<tr><td colspan="3" rowspan="2">（单位）</td><td rowspan="2">加工工艺卡</td><td>产品名称</td><td colspan="2"></td><td>图号</td><td colspan="3"></td></tr>
<tr><td>零件名称</td><td colspan="2"></td><td>数量</td><td colspan="2"></td><td>第 页</td></tr>
<tr><td colspan="2">材料种类</td><td>材料成分</td><td></td><td>毛坯尺寸</td><td colspan="2"></td><td colspan="3"></td><td>共 页</td></tr>
<tr><td rowspan="2">工序</td><td rowspan="2">工步</td><td colspan="3" rowspan="2">工序内容</td><td rowspan="2">车间</td><td rowspan="2">设备</td><td colspan="2">工具</td><td rowspan="2">计划工时</td><td rowspan="2">实际工时</td></tr>
<tr><td>夹具</td><td>量刃具</td></tr>
<tr><td rowspan="11"></td><td></td><td colspan="3"></td><td rowspan="11"></td><td rowspan="11"></td><td></td><td></td><td></td><td></td></tr>
<tr><td></td><td colspan="3"></td><td></td><td></td><td></td><td></td></tr>
<tr><td></td><td colspan="3"></td><td></td><td></td><td></td><td></td></tr>
<tr><td></td><td colspan="3"></td><td></td><td></td><td></td><td></td></tr>
<tr><td></td><td colspan="3"></td><td></td><td></td><td></td><td></td></tr>
<tr><td></td><td colspan="3"></td><td></td><td></td><td></td><td></td></tr>
<tr><td></td><td colspan="3"></td><td></td><td></td><td></td><td></td></tr>
<tr><td></td><td colspan="3"></td><td></td><td></td><td></td><td></td></tr>
<tr><td></td><td colspan="3"></td><td></td><td></td><td></td><td></td></tr>
<tr><td></td><td colspan="3"></td><td></td><td></td><td></td><td></td></tr>
<tr><td></td><td colspan="3"></td><td></td><td></td><td></td><td></td></tr>
<tr><td colspan="2">更改号</td><td colspan="3"></td><td colspan="2">拟定</td><td>校正</td><td>审核</td><td colspan="2">批准</td></tr>
<tr><td colspan="2">更改者</td><td colspan="3"></td><td colspan="2"></td><td></td><td></td><td colspan="2"></td></tr>
<tr><td colspan="2">日期</td><td colspan="3"></td><td colspan="2"></td><td></td><td></td><td colspan="2"></td></tr>
</table>

四、按加工工艺加工

1．记录加工中遇到的问题。

2．查阅资料，分析产生问题的原因。

五、工件检测

<table>
<tr><th>考核项目</th><th>考核要求</th><th>配分</th><th>评分标准</th><th>检测结果</th><th>扣分</th><th>得分</th><th>备注</th></tr>
<tr><td rowspan="2">锉削</td><td>$\Phi 20$</td><td>20</td><td>每超差 0.01 mm 扣 1 分</td><td></td><td></td><td></td><td></td></tr>
<tr><td>表明粗糙度 $Ra3.2$ μm</td><td>20</td><td>每降低一个等级扣 2 分</td><td></td><td></td><td></td><td></td></tr>
<tr><td rowspan="2">孔加工</td><td>$\Phi 10_{0}^{+0.1}$</td><td>20</td><td>每超差 0. 05 mm 扣 5 分</td><td></td><td></td><td></td><td></td></tr>
<tr><td>表明粗糙度 $Ra3.2$ μm</td><td>20</td><td>每降低一个等级扣 2 分</td><td></td><td></td><td></td><td></td></tr>
<tr><td rowspan="2">安全文明生产</td><td>安全文明有关规定</td><td>10</td><td colspan="2">违反有关规定，酌情扣 1~10 分</td><td></td><td></td><td></td></tr>
<tr><td>周围场地整洁；工、量、夹具摆放合理</td><td>10</td><td colspan="2">不整洁或不合理，酌情扣总分 1~10 分</td><td></td><td></td><td></td></tr>
<tr><td>备注</td><td colspan="7">每处尺寸超差≥ 1 mm 或有缺陷的酌情扣考件总分 5~30 分</td></tr>
</table>

六、加工经验总结

◇温馨提示◇

小组记录需要：记录人、主持人、日期、内容等要素。

学习活动7　凸轮制作

◇学习目标◇

1. 学会分度头的使用，并能进行凸轮阿基米德螺旋线的划线。
2. 学会凸轮精度的检测。
3. 零件图的识读、加工工艺编写训练。

◇学习过程◇

一、学习准备

图纸、任务书、教材、网络资料。

二、接受、明确加工任务

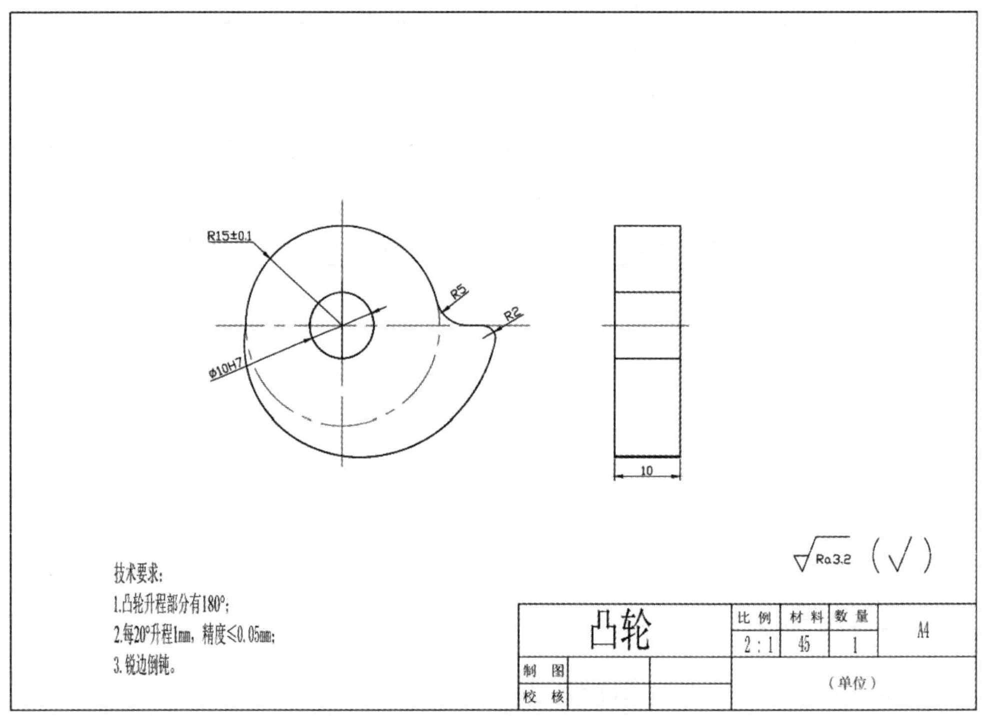

图 2-1-7　凸轮图纸

三、引导问题

1. 明确零件名称、制作材料、零件数量和完成时间。

零件名称：____________________　　制作材料：____________________

零件数量：____________________　　完成时间：____________________

2. 根据加工图样，确定加工毛坯尺寸大小为____________________；加工工件外形大小为____________________。

3. 重要尺寸分析及加工方法制定。

重要尺寸	加工方法

4. 孔加工时需要使用的钻头大小及转速。

使用钻头直径 /mm	需要的转速 / r/min

5. 简述凸轮划线时的操作方法?

6. 分度头该怎样维护和保养?

7. 制定简略加工顺序。

8．查阅资料，填写加工工艺卡。

（单位）		加工工艺卡	产品名称		图号			
			零件名称		数量			第　页
材料种类	材料成分		毛坯尺寸					共　页
工序	工步	工序内容	车间	设备	工具		计划工时	实际工时
					夹具	量刃具		
更改号			拟定		校正	审核	批准	
更改者								
日期								

四、按加工工艺加工

1．记录加工中遇到的问题。

2．查阅资料，分析产生问题的原因。

五、工件检测

考核项目	考核要求	配分	评分标准	检测结果	扣分	得分	备注
划线	凸轮划线	15	精度超差扣 1~10 分				
锉削	$R15\pm0.1$ mm	15	每超差 0.05 mm 扣 2 分				
	$R5$	5	根据误差情况扣分				
	$R2$	5	根据误差情况扣分				
	升程部分：每 20° 升程 1mm 精度 ≤ 0.05 mm	20	每超差 0.05 mm 扣 2 分				
	表明粗糙度 $Ra3.2$ μm	10	每降低一个等级扣 2 分				
孔加工	Φ10H7	10	每超差 0.01 mm 扣 2 分				
安全文明生产	安全文明有关规定	10	违反有关规定，酌情扣 1~10 分				
	周围场地整洁；工、量、夹具摆放合理	10	不整洁或不合理，酌情扣总分 1~10 分				
备注	每处尺寸超差≥ 1 mm 或有缺陷的酌情扣考件总分 5~30 分						

六、加工经验总结

◇温馨提示◇

小组记录需要：记录人、主持人、日期、内容等要素。

学习活动 8　推杆制作

◇学习目标◇

1. 车床基础知识学习。
2. 能够在老师的指导下简单操作车床。
3. 学会轴类零件图的识读、轴类零件加工工艺编写。

◇学习过程◇

一、学习准备

图纸、任务书、教材、网络资料。

二、接受、明确加工任务

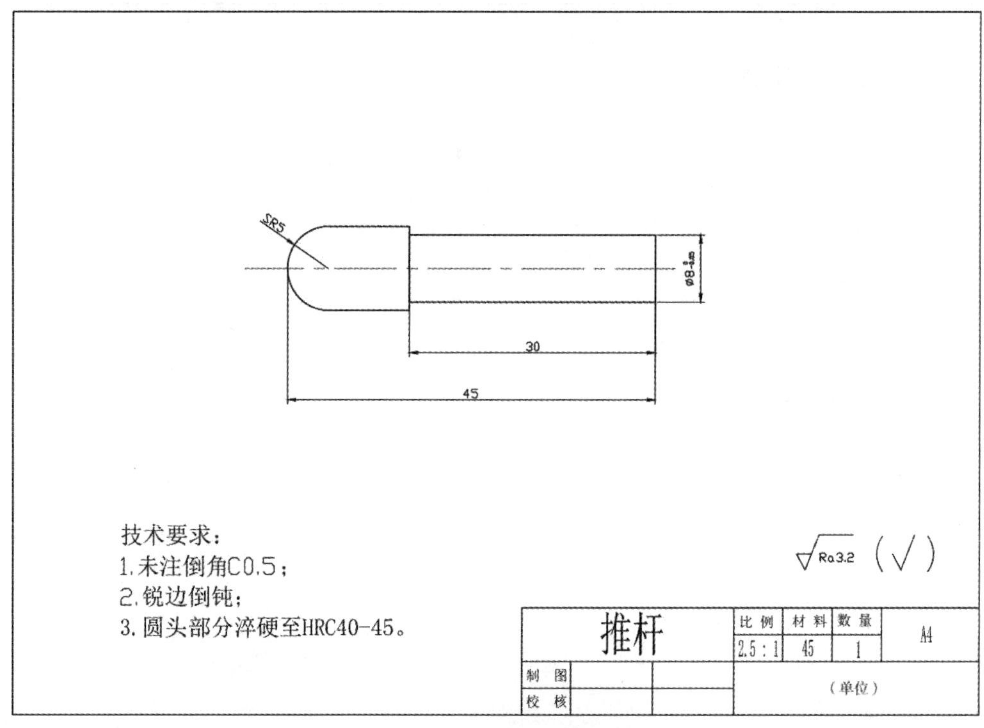

图 2-1-8　推杆图纸

三、引导问题

1. 明确零件名称、制作材料、零件数量和完成时间。

零件名称：______________　　制作材料：______________

零件数量：______________　　完成时间：______________

2. 根据加工图样，确定加工毛坯尺寸大小为______________；加工工件外形大小为______________。

3. 重要尺寸分析及加工方法制定。

重要尺寸	加工方法

4．制定简略加工顺序。

5．查阅资料，填写加工工艺卡。

（单位）		加工工艺卡	产品名称		图号			
			零件名称		数量			第　页
材料种类	材料成分		毛坯尺寸					共　页
工序	工步	工序内容	车间	设备	工具		计划工时	实际工时
					夹具	量刃具		
更改号			拟定		校正	审核	批准	
更改者								
日期								

四、按加工工艺加工

1. 记录加工中遇到的问题。

2. 查阅资料，分析产生问题的原因。

五、工件检测

考核项目	考核要求	配分	评分标准	检测结果	扣分	得分	备注
尺寸加工	$\Phi 8_{-0.05}^{0}$	20	每超差 0.02 mm 扣 2 分				
	$\Phi 10$	10	每超差 0.1 mm 扣 2 分				
	$SR5$	20	每超差 0.1 mm 扣 2 分				
	45	10	每超差 0.1 mm 扣 2 分				
	30	10	每超差 0.1 mm 扣 2 分				
	表明粗糙度 $Ra3.2$ μm	10	每降低一个等级扣 2 分				
安全文明生产	安全文明有关规定	10	违反有关规定，酌情扣 1~10 分				
	周围场地整洁，工、量、夹具摆放合理	10	不整洁或不合理，酌情扣总分 1~10 分				
备注	每处尺寸超差≥ 1 mm 或有缺陷的酌情扣考件总分 5~30 分						

六、加工经验总结

◇温馨提示◇

小组记录需要：记录人、主持人、日期、内容等要素。

学习活动 9　转轴制作

◇学习目标◇

1. 车床基础知识学习。
2. 能够在老师的指导下简单车削台阶轴。
3. 学会轴类零件图的识读及轴类零件加工工艺编写。

◇学习过程◇

一、学习准备

图纸、任务书、教材、网络资料。

二、接受、明确加工任务

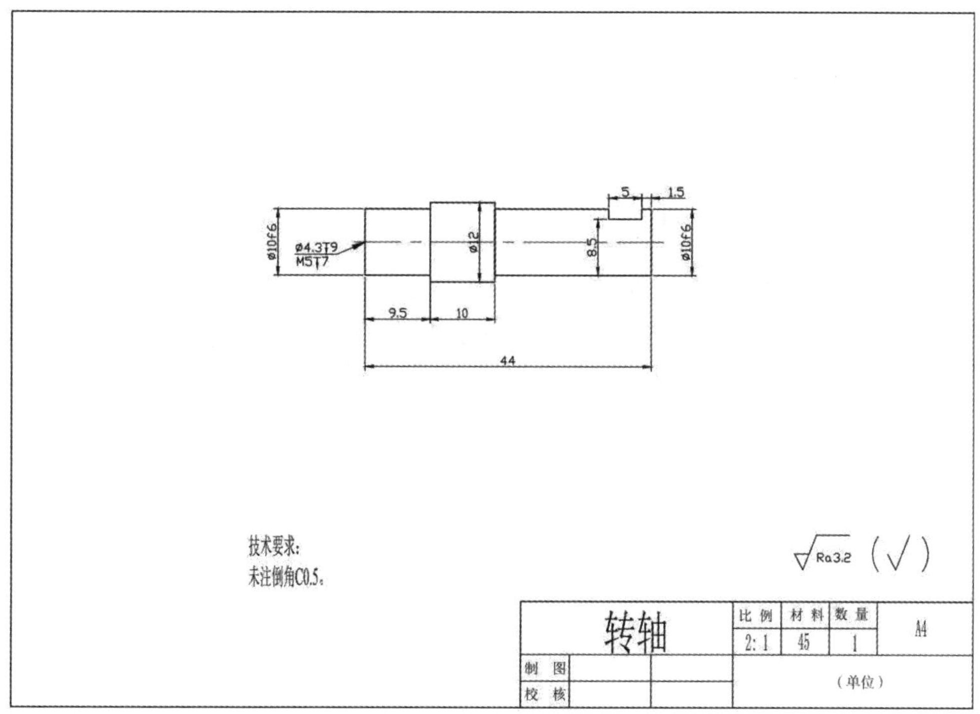

图 2-1-9　转轴图纸

三、引导问题

1．明确零件名称、制作材料、零件数量和完成时间。

零件名称：____________________　　制作材料：____________________

零件数量：____________________　　完成时间：____________________

2．根据加工图样，确定加工毛坯尺寸大小为____________________；加工工件外形大小为____________________。

3．重要尺寸分析及加工方法制定。

重要尺寸	加工方法

4. 零件图中 $\frac{\Phi 4.3 ⊤ 9}{\mathrm{M}5 ⊤ 7}$ 、$\Phi 10f9$ 分别所表达的含义是什么？

5. 简述车床使用时的注意事项。

6. 制定简略加工顺序。

7. 查阅资料，填写加工工艺卡。

（单位）		加工工艺卡	产品名称		图号			
			零件名称		数量			第　页
材料种类	材料成分		毛坯尺寸					共　页
工序	工步	工序内容	车间	设备	工具		计划工时	实际工时
					夹具	量刃具		
更改号			拟定		校正	审核	批准	
更改者								
日期								

四、按加工工艺加工

1. 记录加工中遇到的问题。

2. 查阅资料，分析产生问题的原因。

五、工件检测

考核项目	考核要求	配分	评分标准	检测结果	扣分	得分	备注
尺寸加工	Φ10f6（2处）	20	每超差 0.01 mm 扣 2 分				
	Φ12	5	每超差 0.1 mm 扣 2 分				
	44	4	每超差 0.1 mm 扣 2 分				
	9.5	4	每超差 0.1 mm 扣 2 分				
	10	4	每超差 0.1 mm 扣 2 分				
	8.5	4	每超差 0.1 mm 扣 2 分				
	5	4	每超差 0.1 mm 扣 2 分				
	1.5	5	每超差 0.1 mm 扣 2 分				
	表明粗糙度 Ra3.2 μm	10	每降低一个等级扣 2 分				
孔加工	螺纹孔加工	20	孔结构错及尺寸误扣 1~20 分				
安全文明生产	安全文明有关规定	10	违反有关规定，酌情扣 1~10 分				
	周围场地整洁，工、量、夹具摆放合理	10	不整洁或不合理，酌情扣总分 1~10 分				
备注	每处尺寸超差≥ 1 mm 或有缺陷的酌情扣考件总分 5~30 分						

六、加工经验总结

◇温馨提示◇

小组记录需要：记录人、主持人、日期、内容等要素。

学习活动 10　摇杆制作

◇学习目标◇

1. 套螺纹相关知识的学习。
2. 套螺纹加工训练。

◇学习过程◇

一、学习准备

图纸、任务书、教材、网络资料。

二、接受、明确加工任务

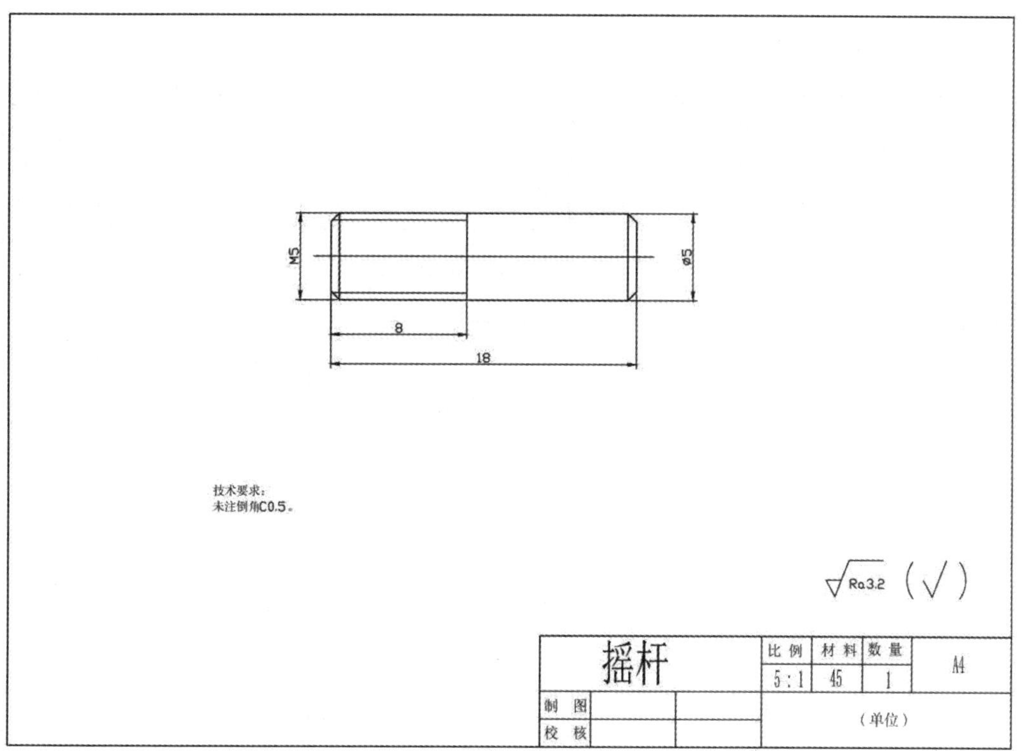

图 2-1-10　摇杆图纸

三、引导问题

1．明确零件名称、制作材料、零件数量和完成时间。

零件名称：____________________　　制作材料：____________________

零件数量：____________________　　完成时间：____________________

2．根据加工图样，确定加工毛坯尺寸大小为____________________；加工工件外形大小为____________________。

3．重要尺寸分析及加工方法制定。

重要尺寸	加工方法

4．制定简略加工顺序

5．查阅资料，填写加工工艺卡。

<table>
<tr><td colspan="3" rowspan="2">（单位）</td><td rowspan="2">加工工艺卡</td><td>产品名称</td><td colspan="2"></td><td>图号</td><td colspan="3"></td></tr>
<tr><td>零件名称</td><td colspan="2"></td><td>数量</td><td colspan="2"></td><td>第　页</td></tr>
<tr><td colspan="2">材料种类</td><td>材料成分</td><td></td><td>毛坯尺寸</td><td colspan="2"></td><td colspan="3"></td><td>共　页</td></tr>
<tr><td rowspan="2">工序</td><td rowspan="2">工步</td><td colspan="3" rowspan="2">工序内容</td><td rowspan="2">车间</td><td rowspan="2">设备</td><td colspan="2">工具</td><td rowspan="2">计划工时</td><td rowspan="2">实际工时</td></tr>
<tr><td>夹具</td><td>量刃具</td></tr>
<tr><td rowspan="10"></td><td></td><td colspan="3"></td><td rowspan="10"></td><td rowspan="10"></td><td></td><td></td><td></td><td></td></tr>
<tr><td></td><td colspan="3"></td><td></td><td></td><td></td><td></td></tr>
<tr><td></td><td colspan="3"></td><td></td><td></td><td></td><td></td></tr>
<tr><td></td><td colspan="3"></td><td></td><td></td><td></td><td></td></tr>
<tr><td></td><td colspan="3"></td><td></td><td></td><td></td><td></td></tr>
<tr><td></td><td colspan="3"></td><td></td><td></td><td></td><td></td></tr>
<tr><td></td><td colspan="3"></td><td></td><td></td><td></td><td></td></tr>
<tr><td></td><td colspan="3"></td><td></td><td></td><td></td><td></td></tr>
<tr><td></td><td colspan="3"></td><td></td><td></td><td></td><td></td></tr>
<tr><td></td><td colspan="3"></td><td></td><td></td><td></td><td></td></tr>
<tr><td colspan="2">更改号</td><td colspan="3"></td><td colspan="2">拟定</td><td>校正</td><td>审核</td><td colspan="2">批准</td></tr>
<tr><td colspan="2">更改者</td><td colspan="3"></td><td colspan="2"></td><td></td><td></td><td colspan="2"></td></tr>
<tr><td colspan="2">日期</td><td colspan="3"></td><td colspan="2"></td><td></td><td></td><td colspan="2"></td></tr>
</table>

四、按加工工艺加工

1．记录加工中遇到的问题。

2．查阅资料，分析产生问题的原因。

五、工件检测

<table>
<tr><th>考核项目</th><th>考核要求</th><th>配分</th><th>评分标准</th><th>检测结果</th><th>扣分</th><th>得分</th><th>备注</th></tr>
<tr><td rowspan="2">套螺纹加工</td><td>M5 外螺纹加工</td><td>50</td><td>根据套螺纹质量扣分</td><td></td><td></td><td></td><td></td></tr>
<tr><td>表明粗糙度 $Ra3.2\ \mu m$</td><td>30</td><td>每降低一个等级扣 2 分</td><td></td><td></td><td></td><td></td></tr>
<tr><td rowspan="2">安全文明生产</td><td>安全文明有关规定</td><td>10</td><td colspan="2">违反有关规定，酌情扣 1~10 分</td><td></td><td></td><td></td></tr>
<tr><td>周围场地整洁，工、量、夹具摆放合理</td><td>10</td><td colspan="2">不整洁或不合理，酌情扣总分 1~10 分</td><td></td><td></td><td></td></tr>
<tr><td>备注</td><td colspan="7">每处尺寸超差≥ 1 mm 或有缺陷的酌情扣考件总分 5~30 分</td></tr>
</table>

六、加工经验总结

◇温馨提示◇

小组记录需要：记录人、主持人、日期、内容等要素。

学习活动11　凸轮机构装配

◇学习目标◇

1. 学会读懂装配图。
2. 学习装配知识，能够编写装配工艺。
3. 装配凸轮机构，能够实现功能。

◇学习过程◇

一、学习准备

图纸、任务书、教材、网络资料。

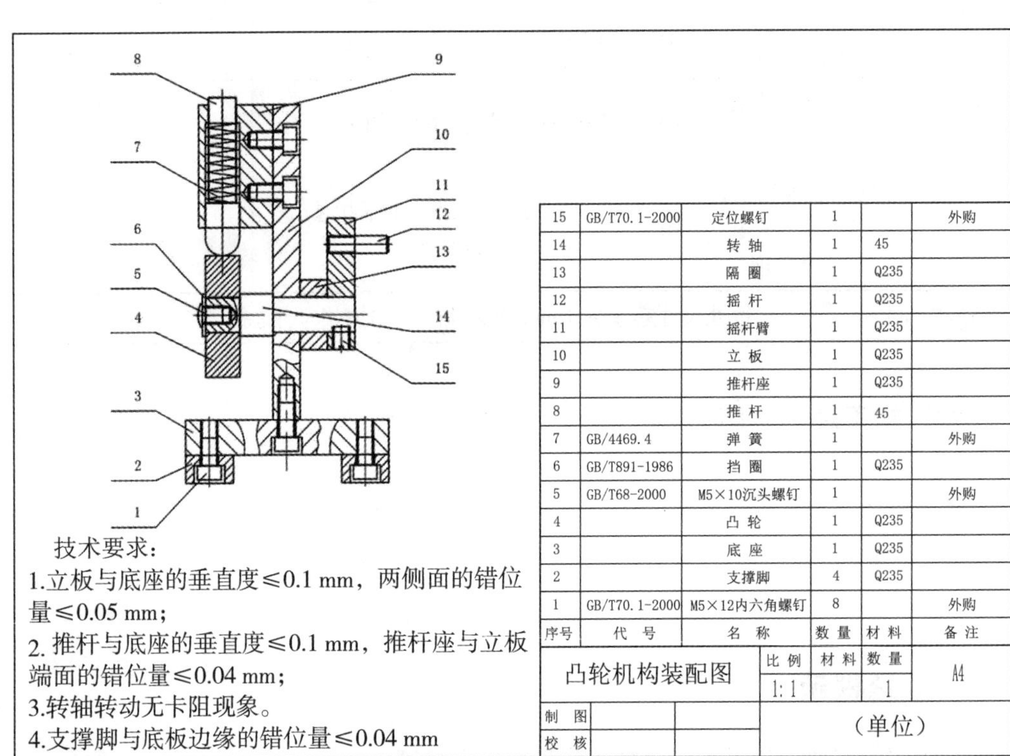
8
9
7
10
11
12
6
13
5
4
14
15
3
2
1
技术要求：
1.立板与底座的垂直度≤0.1 mm，两侧面的错位量≤0.05 mm；
2. 推杆与底座的垂直度≤0.1 mm，推杆座与立板端面的错位量≤0.04 mm；
3.转轴转动无卡阻现象。
4.支撑脚与底板边缘的错位量≤0.04 mm

15	GB/T70.1-2000	定位螺钉	1		外购
14		转轴	1	45	
13		隔圈	1	Q235	
12		摇杆	1	Q235	
11		摇杆臂	1	Q235	
10		立板	1	Q235	
9		推杆座	1	Q235	
8		推杆	1	45	
7	GB/4469.4	弹簧	1		外购
6	GB/T891-1986	挡圈	1	Q235	
5	GB/T68-2000	M5×10沉头螺钉	1		外购
4		凸轮	1	Q235	
3		底座	1	Q235	
2		支撑脚	4	Q235	
1	GB/T70.1-2000	M5×12内六角螺钉	8		外购
序号	代号	名称	数量	材料	备注

凸轮机构装配图	比例	材料	数量	A4
	1:1		1	
制图			（单位）	
校核				

图 2-1-11　凸轮机构装配

三、引导问题

1. 阅读生产任务单，明确工作任务。

凸轮机构装配生产任务单

单号：________________　开单时间：　　年　　月　　日　　时

开单部门：________________　开单人：________________

接单人：__________　部__________　组__________　签名：__________

<table>
<tr><td colspan="6">以下由开单人填写</td></tr>
<tr><td>序号</td><td>产品名称</td><td>材料</td><td>数量</td><td colspan="2">技术标准、质量要求</td></tr>
<tr><td>1</td><td>凸轮机构</td><td>Q235</td><td>50</td><td colspan="2">按图样要求</td></tr>
<tr><td colspan="2">任务细则</td><td colspan="4">1. 到仓库领取相应的材料
2. 根据现场情况，选用合适的工量具和设备
3. 根据装配工艺进行装配，交付检验
4. 填写生产任务单，清理工作场地，完成设备、工量具的维护保养</td></tr>
<tr><td colspan="2">任务类型</td><td colspan="2">钳加工</td><td>完成工时</td><td>12</td></tr>
<tr><td colspan="6">以下由接单人和确认方填写</td></tr>
<tr><td colspan="2">领取材料</td><td colspan="2"></td><td colspan="2" rowspan="2">仓库管理员（签名）

年　　月　　日</td></tr>
<tr><td colspan="2">领取工量具</td><td colspan="2"></td></tr>
<tr><td colspan="2">完成质量
（小组评价）</td><td colspan="2"></td><td colspan="2">班组长（签名）

年　　月　　日</td></tr>
<tr><td colspan="2">用户意见
（教师评价）</td><td colspan="2"></td><td colspan="2"></td></tr>
<tr><td colspan="2">改进措施</td><td colspan="4"></td></tr>
</table>

注：生产任务与装配图样、工艺卡一起领取。

2. 根据生产任务单，明确零件名称、制作材料、零件数量和完成时间。

零件名称：________________　制作材料：________________

零件数量：________________　完成时间：________________

3. 什么叫装配?

4．装配工艺过程由哪几部分组成?

5．什么叫完全互换装配法？它有哪些特点?

6．什么叫分组选配法？它的特点和适用范围有哪些?

7．何谓可拆固定连接?

8．螺纹连接有哪些优点?

9．凸轮机构的特点及应用有哪些?

10．制定简略装配顺序。

11. 查阅资料，填写装配工艺卡。

<table>
<tr><td colspan="2" rowspan="2">（单位）</td><td rowspan="2">加工工艺卡</td><td>产品名称</td><td></td><td>图号</td><td colspan="2"></td></tr>
<tr><td>零件名称</td><td></td><td>数量</td><td></td><td>第　页</td></tr>
<tr><td>材料种类</td><td>材料成分</td><td></td><td>毛坯尺寸</td><td></td><td colspan="2"></td><td>共　页</td></tr>
</table>

<table>
<tr><td rowspan="2">工序</td><td rowspan="2">工步</td><td rowspan="2">工序内容</td><td rowspan="2">车间</td><td rowspan="2">设备</td><td colspan="2">工具</td><td rowspan="2">计划工时</td><td rowspan="2">实际工时</td></tr>
<tr><td>夹具</td><td>量刃具</td></tr>
<tr><td rowspan="16"></td><td></td><td></td><td rowspan="16"></td><td rowspan="16"></td><td></td><td></td><td></td><td></td></tr>
<tr><td></td><td></td><td></td><td></td><td></td><td></td></tr>
<tr><td></td><td></td><td></td><td></td><td></td><td></td></tr>
<tr><td></td><td></td><td></td><td></td><td></td><td></td></tr>
<tr><td></td><td></td><td></td><td></td><td></td><td></td></tr>
<tr><td></td><td></td><td></td><td></td><td></td><td></td></tr>
<tr><td></td><td></td><td></td><td></td><td></td><td></td></tr>
<tr><td></td><td></td><td></td><td></td><td></td><td></td></tr>
<tr><td></td><td></td><td></td><td></td><td></td><td></td></tr>
<tr><td></td><td></td><td></td><td></td><td></td><td></td></tr>
<tr><td></td><td></td><td></td><td></td><td></td><td></td></tr>
<tr><td></td><td></td><td></td><td></td><td></td><td></td></tr>
<tr><td></td><td></td><td></td><td></td><td></td><td></td></tr>
<tr><td></td><td></td><td></td><td></td><td></td><td></td></tr>
<tr><td></td><td></td><td></td><td></td><td></td><td></td></tr>
<tr><td></td><td></td><td></td><td></td><td></td><td></td></tr>
<tr><td colspan="2">更改号</td><td></td><td colspan="2">拟定</td><td>校正</td><td>审核</td><td colspan="2">批准</td></tr>
<tr><td colspan="2">更改者</td><td></td><td colspan="2"></td><td></td><td></td><td colspan="2"></td></tr>
<tr><td colspan="2">日期</td><td></td><td colspan="2"></td><td></td><td></td><td colspan="2"></td></tr>
</table>

四、按加工工艺加工

1. 记录加工中遇到的问题。

2. 查阅资料，分析产生问题的原因。

五、工件检测

考核项目	考核要求	配分	评分标准	检测结果	扣分	得分	备注
总装	凸轮机构是否能实现功能	16	不能实现扣 1~16 分				
支撑脚与底座的安装	支撑脚与底板连接紧固	4	不牢固每个扣 1 分				
	支撑脚与底板边缘错位量≤ 0.04 mm	8	每超差 0.02 mm 扣 1 分				
	安装螺钉是否高出支撑脚端面	4	超出一个扣 1 分				
立板与底座的安装	立板与底板连接紧固	2	不牢固扣 2 分				
	立板与底座的垂直度≤ 0.1 mm	6	每超差 0.02 mm 扣 1 分				
	立板侧面与底座侧面的错位量≤ 0.05 mm	4	每超差 0.02 mm 扣 1 分				
凸轮与转轴的安装	凸轮能否牢固的固定在转轴上	4	无法固定扣 4 分				
转轴、隔圈、摇杆臂与立板的安装	装配后摇杆臂、隔圈、立板的间隙≤ 0.04 mm	6	每超差 0.02 mm 扣 1 分				
	转轴转动无卡阻现象	6	根据卡阻情况扣 1~6 分				
推杆、推杆座与立板的安装	推杆座与立板连接紧固	2	不牢固扣 2 分				
	推杆在推杆座内滑动无卡阻现象	6	根据卡阻情况扣 1~6 分				
	推杆与底座的垂直度≤ 0.1 mm	6	每超差 0.02 mm 扣 1 分				
	推杆座与立板端面的错位量≤ 0.04 mm	6	每超差 0.02 mm 扣 1 分				
安全文明生产	推杆座与立板端面的错位量≤ 0.04 mm	6	每超差 0.02 mm 扣 1 分				
	周围场地整洁；工、量、夹具摆放合理	10	不整洁或不合理，酌情扣总分 1~10 分				
备注	每处尺寸超差≥ 1 mm 或有缺陷的酌情扣考件总分 5~30 分						

六、加工经验总结

◇温馨提示◇

小组记录需要：记录人、主持人、日期、内容等要素。

◇评价与分析◇

活动过程评价表

班级：　　　　　　姓名：　　　　　　学号：　　　　　　　　　年　　月　　日

<table>
<tr><th colspan="2">评价项目及标准</th><th>分数</th><th>自我评价（10%）</th><th>小组评价（30%）</th><th>教师评价（60%）</th></tr>
<tr><td rowspan="6">操作技能</td><td>1. 检测工量具的正确、规范使用</td><td>10</td><td></td><td></td><td></td></tr>
<tr><td>2. 动手能力强，理论联系实际，善于灵活应用</td><td>10</td><td></td><td></td><td></td></tr>
<tr><td>3. 检测的速度</td><td>10</td><td></td><td></td><td></td></tr>
<tr><td>4. 熟悉质量分析、结合实际，提高自身综合实践能力</td><td>10</td><td></td><td></td><td></td></tr>
<tr><td>5. 检测的准确性</td><td>10</td><td></td><td></td><td></td></tr>
<tr><td>6. 通过检测，能对加工工艺合理性分析</td><td>10</td><td></td><td></td><td></td></tr>
<tr><td>实习过程</td><td>1. 查阅、收集资料情况
2. 任务完成情况
3. 成果展示情况
4. 纪律观念
5. 实训安全操作
6. 检测工件规范情况
7. 平时出勤情况
8. 检测完成质量
9. 检测的速度与准确性
10. 每天对工量具的整理、保管及场地卫生清扫情况</td><td>30</td><td></td><td></td><td></td></tr>
<tr><td>情感态度</td><td>1. 师生互动
2. 良好的劳动习惯
3. 组员的交流、合作
4. 实践动手操作的兴趣、态度、积极性</td><td>10</td><td></td><td></td><td></td></tr>
<tr><td colspan="2">小计</td><td>100</td><td>_×0.1=_</td><td>_×0.3=_</td><td>_×0.3=_</td></tr>
<tr><td colspan="2">总计</td><td colspan="4"></td></tr>
<tr><td>工件检测得分</td><td></td><td colspan="2">综合测评得分</td><td colspan="2"></td></tr>
<tr><td>简要评述</td><td colspan="5"></td></tr>
</table>

注：综合测评得分 = 总计 50% + 工件检测得分 50%。

任课教师签字：________________

学习活动12 工作小结

◇学习目标◇

1. 能清晰合理地撰写总结。
2. 能有效进行工作反馈与经验交流。

◇学习过程◇

一、学习准备

任务书、数据的对比、结果分析等。

二、引导问题

1. 请简单写出本次任务的最大收获。

2. 列举所学到的知识点。

◇知识链接◇

机械装配相关知识

一、装配简介

机械产品一般由许多零件和部件组成。按规定的技术要求，将若干零件结合成部件或若干零件和部件结合成机器的过程，称为装配。机械产品结构的复杂程度、产品的批量大小和装配精度的高低是决定装配方法和装配工艺的重要依据，因此，在研究装配工艺之前，必须对机械产品的组成有充分的了解。

二、装配工艺过程

装配工艺过程一般由以下 8 个部分组成。

1．装配前的准备工作。

2．研究、熟悉产品装配图及其他工艺文件和技术要求，了解产品结构，熟悉各零件、部件的作用，相互连接关系及连接方法。

3．确定装配方法、顺序和准备所需要的工具。

4．对装配的零件进行清理和清洗，去掉零件上的毛刺、铁锈、切屑、油污。

5．对有些零件还需要进行刮削等修配工作。有特殊要求的零件还要进行平衡试验、密封性实验等。

6．装配工作。对比较复杂的产品，其装配工作分为部件装配和总装配。

（1）部件装配：将两个或两个以上的零件组合在一起或将零件与几个组件结合在一起，成为一个单元的装配工作，称为部件装配。

（2）总装配：指将零件和部件结合成为一台完整产品的过程。

7．调整、检验和试运行。

（1）调整：调节零件或机构的相互位置、配合间隙、结合松紧等，使机构或机器工作协调。

（2）检验：检验机构或机器的几何精度和工作精度。

（3）试运行：试验机构或机器运转的灵活性、振动状况、工作温度、噪声、转速、功率、密封性等性能参数是否符合要求。

8．喷漆、涂油、装箱。

三、装配工作的组织形式

装配的组织形式随生产类型及产品复杂程度和技术要求的不同而不同。机器制造类型及装配的组织形式如下：

1．单件生产时的装配组织形式。

单件生产时，产品几乎不重复，装配工作常在固定地点由一名工人或一组工人完成装配工作。这种装配组织形式对工人的技术要求较高，装配周期较长，生产效率较低。

2．成批生产时的装配组织形式。

成批生产时，装配工作通常分为部件装配和总装配。每个部件由一位工人或一组工人在固定地点完成，然后进行总装配。

3．大量生产时的装配组织形式。

大量生产时，把产品的装配过程划分为部件、组件装配。每个工序只由一位工人或一组工人来完成，只有当所有工人都按顺序完成自己负责的工序后，才能装配出产品。在大量生产中，其装配过程是有顺序地由一个或一组工人转移给另一位（或一组）工人。这种转移可以是装配对象的转移，也可以是工人的转移，通常把这种装配的组织形式称为流水线装配法。流水线装配法由于广泛采用互换性原则，使装配工作工序化，因此装配质量好，生产效率高，是一种先进的装配组织形式。

四、装配工艺规程

1. 分析装配图。了解产品结构特点，确定装配方法。

2. 确定装配的组织形式。根据工厂的生产规模和产品的结构特点，决定装配的组织形式。

3. 确定装配顺序。装配顺序基本上是由产品的结构和装配组织形式决定的。

4. 划分工序及工步。根据装配单元系统图，将整机或部件的装配工作划分为装配工序和装配工步。

（1）流水作业时，整个装配工艺过程划分多少道工序，取决于装配节奏的快慢。

（2）组件的重要部分，在装配工序完成后必须加以检查，以保证质量。重要而又复杂的装配工序，不易用文字明确表达时，还须画出部件局部的指导性装配图。

5. 选择工艺设备。根据产品的结构特点和生产规模，尽量选用先进的装配工具和设备。

6. 确定检验方法。根据产品结构特点和生产规模，尽量选用先进的检验方法。

7. 确定工人等级和工时定额。根据工厂的实际经验和统计资料及现场实际情况确定工人等级和工时定额。

8. 编写工艺文件。装配工艺技术文件主要是装配工艺卡片（有时需编写更详细的工序卡），它包含完成装配工艺过程所必需的一切资料。

五、装配尺寸链

1. 尺寸链与尺寸链简图。

在零件加工或机器装配中，由相互关联的尺寸形成的封闭尺寸组，称为尺寸链。

将尺寸链中各尺寸，彼此按顺序连接所构成的封闭图形称为尺寸链简图。如图 2-1-12（a）所示轴与孔的配合间隙 A_0 与孔径 A_1 及轴颈 A_2 有关，并可画成图 2-1-13（a）中的配合尺寸链简图。图 2-1-12（b）中齿轮端面和箱体内壁凸台端面配合间隙 B_0 与箱体内壁距离 B_1、齿轮宽度 B_2 及垫圈 B_3 有关，也可画成 2-1-13（b）中的尺寸链简图。

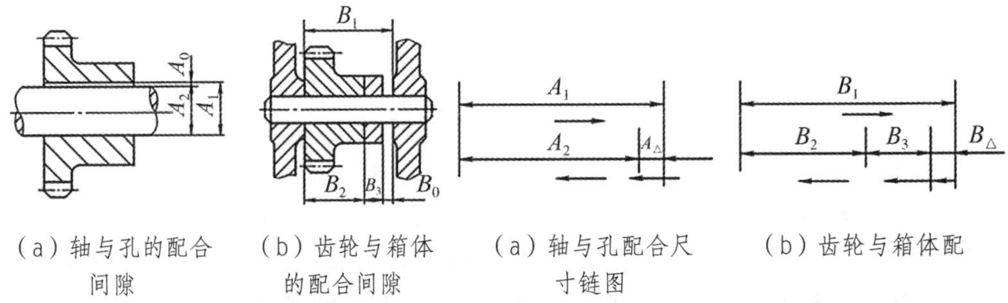

（a）轴与孔的配合间隙　（b）齿轮与箱体的配合间隙

图 2-1-12　装配尺寸链的形成

（a）轴与孔配合尺寸链图　（b）齿轮与箱体配

图 2-1-13　尺寸链简图

绘尺寸链简图时，不必绘出装配部分的具体结构，也勿需按严格的比例，而是由有装配技术要求的尺寸首先画起，然后依次绘出与该项要求有关的尺寸，排列成封闭的外形即可。

2. 尺寸链的组成。

构成尺寸链的每一个尺寸，都称为尺寸链的环，每个尺寸链至少应有三个环。

（1）封闭环：在零件加工和机器装配中，最后形成（间接获得）的尺寸，称为封闭环。一个尺寸链中只有一个封闭环，如图 2–1–12 中的 A_0、B_0。在装配尺寸链中，封闭环即装配的技术要求。

封闭环的极限尺寸及公差。

封闭环的基本尺寸 =（所有增环的基本尺寸之和）–（所有减环的基本尺寸之和）

封闭环的最大极限尺寸 =（所有增环的最大极限尺寸之和）–（所有减环的最小极限尺寸之和）

封闭环的最小极限尺寸 =（所有增环的最小极限尺寸之和）–（所有减环的最大极限尺寸之和）

封闭环的公差 = 封闭环最大极限尺寸 – 封闭环的最小极限尺寸

（2）组成环：尺寸链中除封闭环外的其余尺寸，称为组成环。如图 2–1–13 中的 A_1、A_2、B_1、B_2、B_3 等都是组成环。

（3）增环：在其他各组成环不变的条件下，当某组成环增大时，如果封闭环随之增大，那么该组成环就称为增环，如图 2–1–13 中的 A_1、B_1。增环用符号 $\vec{A}_1$、$\vec{B}_1$ 表示。

（4）减环：在其他各组成环不变的条件下，当某组成环增大时，如果封闭环随之减小，那么该组成环就称为减环，如图 2–1–13 中的 A_2、B_2、B_3。减环用符号 $\overleftarrow{A}_2$、$\overleftarrow{B}_2$、$\overleftarrow{B}_3$ 表示。

六、互换性与装配方法

互换装配法包括完全互换法和不完全换法两种。完全互换法优点是装配质量稳定可靠，便于组织流水装配和自动化装配，零部件互换性好。缺点是组成环零件精度要求高。大数装配法因扩大了组成环公差，降低了零件加工的精度要求，但会产生少数产品超差。为此需要采用适当的工艺措施。应当了解，无论是完全互换法还是大数互换法，其装配过程中产品都是可互换的，只是互换程度不同而已。

1. 完全互换法。

（1）可以百分百保证互换装配。

（2）便于流水装配线作业，生产效率较高。

（3）装配作业对工人的技术水平要求不高。

（4）便于零件部件的专业化生产和协作。

（5）便于备件供应及维修工作。

（6）适合组成环数较少或装配精度要求较低的各种批量生产的装配场合。

2. 不完全互换法。

（1）不能百分百互换，有少量废次品无法装配。

（2）不完全互换法可以放大零件加工公差，相对于完全互换法，经济性较好。

（3）由于概率法是建立在大数据基础上，所以该方法适用于组成环数较多或精度要求较高的大批量生产场合。

七、装配知识问答

1. 什么叫装配？

答：按照规定的技术要求，将若干个零件组装成部件或将若干个零件和部件组装成产品的过程，称作装配。更明确地说：把已经加工好，并经检验合格的单个零件，通过各种形式，依次将零部件连接或固定在一起，使之成为部件或产品的过程叫装配。

2. 装配工作的重要性有哪些？

答：装配工作的重要性有如下几点：

①只有通过装配才能使若干个零件组合成一台完整的产品。

②产品质量和使用性能与装配质量有着密切的关系，即装配工作的好坏，对整个产品的质量起着决定性的作用。

③有些零件精度并不高，但经过仔细修配和精心调整后，仍能装出性能良好的产品。

3. 装配时零件连接的种类有哪些？

答：按照部件或零件连接方式的不同，可分为固定连接与活动连接两种。

4. 装配前，清理和清洗零件的意义是什么？

答：在装配过程中，必须保证没有杂质留在零件或部件上，否则，就会加剧机器接触表面的磨损，严重的还会使机器在很短的时间内损坏。由此可见，零件在装配前的清理和清洗工作对提高产品质量，延长其使用寿命有着重要的意义。特别是对于轴承精密配合件、液压元件、密封件以及有特殊清洗要求的零件等更为重要。

5. 装配时，对零件的清理和清洗内容有哪些？

答：①装配前，清除零件上的残存物，如型砂、铁锈、切屑、油污及其他污物。

②装配后，清除在装配时产生的金属切屑，如配钻孔、铰孔、攻螺纹等加工的残存切屑。

③部件或机器试车后，洗去由摩擦产生的金属微粒及其他污物。

6. 哪些零件需进行密封性试验？

答：凡要求不发生漏油、漏水和漏气的零件或部件在装配前都需做密封性试验，如各种阀类、泵体、气缸套、气阀、油缸、某些液压件等。

7. 什么是键联结？

答：键联结就是用键将轴和轴上零件连接在一起，用以传递扭矩的一种连接方法称键联结。

8. 键联结所用键的种类有哪些？各有何特点及应用场合？

键的种类、特点及应用场合如表 2–1–1 所示。

表 2-1-1　键的种类、特点及应用场合

序号	种类		连接特点	应用场合
1	键	普通平键	靠侧面传递转矩，对中性良好，但不能传递轴向力	主要用在轴上固定齿轮、带轮、链轮、凸轮和飞轮等旋转零件
		半圆键	靠侧面传递较小的转矩，对中性好，半圆面能围绕圆心作自适性调节，不能承受轴向力	主要用于载荷较小的锥面联结或作为辅助的联结装置。如汽车、拖拉机和机床等应用较多
		导向键	除具有普通平键特点外，还可以起导向作用	一般用于轴与轮毂需作相对轴向滑动处
2	紧键		靠上、下面传递转矩，键本身有1：100 的斜度，能承受单向轴向力，但对中性差	一般用于需承受单方向的轴向力及对中性要求不严格的连接处
3		矩形	接触面大，轴的强度高，传递转矩大，对中性及导向性好，但成本高	一般用于需对中性好、强度高、传递转矩大的场合。如汽车和拖拉机以及切削力较大的机床传动轴等
		渐开线形		
		三角形		

9．松键联结的装配要点有哪些？

答：松键联结的装配要点有如下几点：

①装配前要清理键和键槽的锐边、毛刺，以防装配时造成过大的过盈。

②对重要的键联结，装配前应检查键的直线度误差、键槽对称误差度和倾斜度误差。

③用键头与轴槽试配松紧，应能使键紧紧地嵌在轴槽中。

④锉配键长，键宽与轴键槽间应留 0.1 mm 左右的间隙。

⑤在配合面上涂机油，用铜棒或台虎钳（钳口上应加铜皮垫）将键压装在轴槽中，直至与槽底面接触。

⑥试配并安装套件，安装套件时要用塞尺检查非配合面间隙，以保证同轴度要求。

⑦对于滑动键，装配后应滑动自如，但不能摇晃，以免引起冲击和振动。

10．花键联结的装配要点有哪些？

答：花键联结有固定套和滑动套两种类型。

固定套联结的装配要点如下：

①检查轴、孔的尺寸是否在允许过盈量的范围内。

②装配前必须清除轴、孔锐边和毛刺。

③装配时可用铜棒、橡胶锤轻轻打入，但不得过紧，否则会拉伤配合表面。

④过盈量要求较大时，可将花键套加热（80~120℃）后再进行装配。

11．装配圆柱销的要点有哪些？

答：①圆柱销一般多用于各种机件的定位（如夹具、各类冲模等）。所以装配前应检查销钉与销孔是否有合适的过盈量，一般过盈量在 0.01 mm 左右为适宜。

②为保证连接质量，应将连接件两孔一起钻铰。

③装配时，销上应涂机油润滑。

④装入时，应用软金属垫在销子端面上，然后用锤子将销钉打入孔中。也可用压入法装入。

⑤在打不通孔的销钉前，应先用带切销锥的铰刀铰到底，同时在销钉外圆用油石磨一通气平面，否则会因空气排不出，销钉打不进去。

12．装配圆锥销的要点有哪些?

答：①将被连接工作的两孔一起钻铰。

②边铰孔，边用锥销试测孔径，以销能自由插入销长的 80% 为宜。

③销锤入后，销子的大头一般以露出工件表面或使之一样平为适。

④不通锥孔内应装带有螺孔的锥销，以免取出时困难。

13．过盈连接的装配要点有哪些?

答：过盈连接的装配要点有如下几点：

①相配合的表面粗糙度应符合要求。

②相配合的表面要求十分清洁。

③经加热或冷却的配合件在装配前要擦拭干净。

④装配时配合表面必须用油润滑，以免装配时擦伤表面。

⑤装压过程要保持连续，速度不宜太快，一般 2~4 mm/s 为宜。

⑥压入时，特别是开始压入阶段，必须保持轴与孔的中心线一致，不允许有倾斜现象。

⑦细长的薄壁件（如管件）要特别注意检查其过盈量和形状误差，装配时尽量采用垂直压入，以防变形。

14．过盈连接的方法有哪些？各适用于什么场合?

答：过盈连接的方法一般有如下几种：

①压入法：适用于配合要求较低或配合长度较短的场合，此法多用于单件生产。

②热胀配合法：一般适用于大型零件，而且过盈量较大的场合。

③冷宿配合法：冷缩法与热胀法相比，收缩变形量较小，因而多用于过渡配合，有时也用于过盈量较小的配合。

④液压套合法，一般适用于将轴、轴套一起进行压入的场合。

15．装配工作的重要性有哪些?

答：装配工作的重要性有如下几点：①只有通过装配才能使若干个零件组合成一台完整的产品。②产品质量和使用性能与装配质量有着密切的关系，即装配工作的好坏，对整个产品的质量起着决定性的作用。③有些零件精度并不很高，但经过仔细修配和精心调整后，仍能装出性能良好的产品。

16．产品有哪些装配工艺过程？其主要内容是什么?

答：装配的工艺过程由以下四部分组成：

①装配前的准备工作：a. 研究和熟悉产品装配图及有关的技术资料，了解产品的

结构、各零件的作用、相互关系及连接方法。b. 确定装配方法。田田确定装配顺序；清理装配时所需的工具、量具和辅具对照装配图清点零件、外购件、标准件等；对装配零件进行清理和清洗。c. 对某些零件还需进行装配前的钳加工（如刮削、修配、平衡试验、配钻、钠孔等）。

②装配工作：a. 部件装配——把零件装配成部件的过程叫部件装配。b. 总装配——把零件和部件装配成最终产品的过程叫总装配。

③调整、精度检验：a. 调整工作就是调节零件或机构的相互位置、配合间隙、结合松紧等，目的是使机构或机器工作协调（如轴承间隙、镶条位置、齿轮轴向位置的调整等）。b. 精度检验就是用量具或量仪对产品的工作精度、几何精度进行检验，直至达到技术要求为止。

④喷漆、涂油、装箱：喷漆是为了防止不加工面锈蚀和使产品外表美观。涂油是使产品工作表面和零件的已加工表面不生锈。

17. 什么是装配工艺规程?

答：规定产品或零部件装配工艺过程和操作方法等的工艺文件，称装配工艺规程。

18. 执行工艺规程有哪些作用?

答：①执行工艺规程能使生产有条理地进行。②执行工艺规程能合理使用劳动力和工艺设备、降低成本。③执行工艺规程能提高产品质量和劳动生产率。

19. 何谓完全互换装配法？它有哪些优缺点?

答：在装配时，对任何零件不再经过选择或修配就能装上去，并能达到规定的技术要求，这种装配方法称为完全互换装配法。

完全互换装配的优缺点是：①装配操作简单，易于掌握，生产率高。②便于组织流水线作业。③零件更换方便。④零件的加工精度要求较高，制造费用增大。

20. 何谓可拆固定连接?

答：装配时，将两个或两个以上的零件用一种形式连接在一起，并且各个零件不能做相对运动和移动，而又可拆卸的，这种连接称可拆固定连接（如螺纹连接、键连接、键连接、销连接、锥形连接和过盈连接等）。

21. 螺纹连接有哪些优点?

答：螺纹连接是一种可拆的固定连接，它具有如下优点：①结构简单。②连接可靠。③装拆方便，迅速。④装拆时不易损坏机件。

22. 螺纹连接常用哪些防松装置？它们的基本原理是什么？各有哪些特点？应用何种场合?

答：螺纹连接防松原理、种类、特点及应用场合，见表 2–1–2 所示。

表 2-1-2　螺纹连接防松原理、种类、特点及应用场合

序号	防松原理	种类	特点	应用场合
1	附加摩擦力	锁紧螺母	1. 使用两只螺母，结构尺寸和重量增加 2. 多用螺母，不堪经济 3. 锁紧可靠	一般用于低速重载或较平稳的场合
		弹簧垫圈	1. 结构简单 2. 易刮伤螺母和被连接件表面 3. 弹力不均，螺母可能偏斜	应用较普遍
2	机械防松	开口销	1. 防松可靠 2. 螺杆上销孔位置不易与螺母最佳锁紧位置的槽吻合	用于变载或振动较好的场合
		止动垫圈	1. 防松可靠 2. 制造麻烦 3. 多次拆卸易损坏	用于连接部分可容纳弯耳的场合
		串联钢丝	1. 钢丝相互牵制，防松可靠 2. 串联钢丝麻烦，若串联方向不正确，不能达到防松的目的	适用于布置较紧凑的成组螺纹连接
		钢丝卡紧法	1. 放松可靠 2. 装拆方便 3. 防松力不大	适用于各种沉头螺钉
		点铆法	1. 防松可靠，操作简单 2. 拆装后连接零件不能再用	适用于各种特殊需要的连接
3	黏接防松	厌氧性粘合剂	1. 黏接牢固 2. 黏接后不易拆卸	适用于各种机械修理场合，效果良好

23．螺纹的种类有哪些？

答：螺纹的种类有普通螺纹、管螺纹、圆弧螺纹、米制锥螺纹、矩形螺纹、梯形螺纹、锯齿形螺纹。

24．螺母和螺钉的装配技术要点有哪些？

答：螺母和螺钉的装配技术要点有如下几点：①螺钉或螺母与工件贴合的表面要光洁、平整。②要保持螺钉或螺母与接触表面的清洁。③螺孔内的污物应清理干净。④成组的螺母在拧紧时要按一定顺序进行。⑤拧紧成组螺母时要做到分次逐步拧紧（一般不少于三次）。⑥必须按一定的拧紧力矩拧紧。⑦凡有振动或受冲击力的螺纹连接，都必须采用防松装置。

典型工作任务二　R 配

◇学习目标◇

1. 能够读懂零件图。
2. 能根据图样加工要求编制给定产品的加工工艺。
3. 能按图样要求加工零件，并达到配合要求。

◇建议课时◇

24 学时

◇学习过程◇

学习活动 1　接受任务，制定加工计划
学习活动 2　加工前准备
学习活动 3　R 配的制作
学习活动 4　产品质量检测及误差分析
学习活动 5　工作小结

◇学习任务描述◇

钳工组接到了一批圆弧背向镶配件工艺品的制作定单，要求在 5 个工作日内制作完成，并交付检验。

学习活动 1 接受任务，制定加工计划

◇学习目标◇

1. 能读懂生产任务单，明确加工任务，并通过独立查询资料正确表述配合的种类和用途。

2. 能制定科学合理的加工计划。

◇学习过程◇

一、学习准备

图纸、任务书、教材。

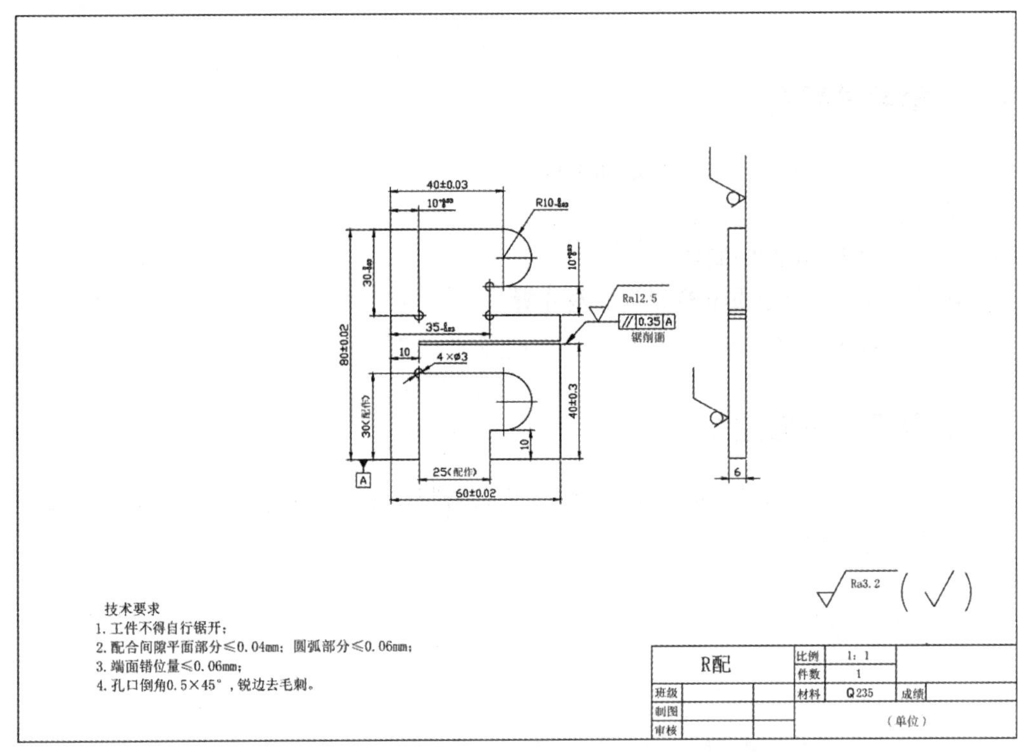

图 2-2-1 R 配图纸

二、引导问题

1. 阅读生产任务单，明确工作任务。

R 配生产任务单

单号：____________________ 开单时间：_______年____月____日____时

开单部门：________________ 开单人：____________________________

接单人：_____________部___________组________ 签名：______________

<table>
<tr><td colspan="6">以下由开单人填写</td></tr>
<tr><td>序号</td><td>产品名称</td><td>材料</td><td>数量</td><td colspan="2">技术标准、质量要求</td></tr>
<tr><td>1</td><td>圆弧背向锉</td><td>45 钢</td><td>10</td><td colspan="2">按图样要求</td></tr>
<tr><td colspan="2">任务细则</td><td colspan="4">1. 到仓库领取相应的材料
2. 根据现场情况选用合适的工量具和设备
3. 根据加工工艺进行加工，交付检验
4. 填写生产任务单，清理工作场地，完成设备、工量具的维护保养</td></tr>
<tr><td colspan="2">任务类型</td><td colspan="2">钳加工</td><td>完成工时</td><td>30</td></tr>
<tr><td colspan="6">以下由接单人和确认方填写</td></tr>
<tr><td colspan="2">领取材料</td><td colspan="2"></td><td colspan="2" rowspan="2">仓库管理员（签名）
年　　月　　日</td></tr>
<tr><td colspan="2">领取工量具</td><td colspan="2"></td></tr>
<tr><td colspan="2">完成质量
（小组评价）</td><td colspan="2"></td><td colspan="2">班组长（签名）
年　　月　　日</td></tr>
<tr><td colspan="2">用户意见
（教师评价）</td><td colspan="2"></td><td colspan="2"></td></tr>
<tr><td colspan="2">改进措施</td><td colspan="4"></td></tr>
</table>

注：生产任务与装配图样、工艺卡一起领取。

2. 根据生产任务单，明确零件名称、制作材料、零件数量和完成时间。

零件名称：____________________ 制作材料：____________________

零件数量：____________________ 完成时间：____________________

3. 根据加工图样，确定加工毛坯尺寸大小为______________ 。

◇温馨提示◇

小组记录需要：记录人、主持人、日期、内容等要素。

学习活动 2 加工前准备

◇学习目标◇

1. 能熟练绘制圆弧背向镶配件的板图。
2. 能正确选择使用的量具、工具、设备及毛坯。
3. 熟悉钻头的结构特点及几何角度对工件切削的影响。
4. 掌握企业“7S”管理内容。

◇学习过程◇

一、学习准备

量块、杆杠百分表的使用说明书、教材。

二、引导问题

1. 企业“7S”管理的内容有哪些?

2. 加工时的安全注意事项?

3. 图样中 R 配是间接锉配，直接锉配和间接锉配有什么区别?

4. 写出简单的加工顺序。

5. 按工序及工步的方式，编写加工工艺卡片。

<table>
<tr><td colspan="3" rowspan="2">（单位）</td><td rowspan="2">加工工艺卡</td><td>产品名称</td><td colspan="2"></td><td>图号</td><td colspan="3"></td></tr>
<tr><td>零件名称</td><td colspan="2"></td><td>数量</td><td colspan="2"></td><td>第 页</td></tr>
<tr><td colspan="2">材料种类</td><td>材料成分</td><td></td><td>毛坯尺寸</td><td colspan="2"></td><td colspan="3"></td><td>共 页</td></tr>
<tr><td rowspan="2">工序</td><td rowspan="2">工步</td><td colspan="3" rowspan="2">工序内容</td><td rowspan="2">车间</td><td rowspan="2">设备</td><td colspan="2">工具</td><td rowspan="2">计划工时</td><td rowspan="2">实际工时</td></tr>
<tr><td>夹具</td><td>量刃具</td></tr>
<tr><td rowspan="25"></td><td></td><td colspan="3"></td><td rowspan="25"></td><td rowspan="25"></td><td></td><td></td><td></td><td></td></tr>
<tr><td></td><td colspan="3"></td><td></td><td></td><td></td><td></td></tr>
<tr><td></td><td colspan="3"></td><td></td><td></td><td></td><td></td></tr>
<tr><td></td><td colspan="3"></td><td></td><td></td><td></td><td></td></tr>
<tr><td></td><td colspan="3"></td><td></td><td></td><td></td><td></td></tr>
<tr><td></td><td colspan="3"></td><td></td><td></td><td></td><td></td></tr>
<tr><td></td><td colspan="3"></td><td></td><td></td><td></td><td></td></tr>
<tr><td></td><td colspan="3"></td><td></td><td></td><td></td><td></td></tr>
<tr><td></td><td colspan="3"></td><td></td><td></td><td></td><td></td></tr>
<tr><td></td><td colspan="3"></td><td></td><td></td><td></td><td></td></tr>
<tr><td></td><td colspan="3"></td><td></td><td></td><td></td><td></td></tr>
<tr><td></td><td colspan="3"></td><td></td><td></td><td></td><td></td></tr>
<tr><td></td><td colspan="3"></td><td></td><td></td><td></td><td></td></tr>
<tr><td></td><td colspan="3"></td><td></td><td></td><td></td><td></td></tr>
<tr><td></td><td colspan="3"></td><td></td><td></td><td></td><td></td></tr>
<tr><td></td><td colspan="3"></td><td></td><td></td><td></td><td></td></tr>
<tr><td></td><td colspan="3"></td><td></td><td></td><td></td><td></td></tr>
<tr><td></td><td colspan="3"></td><td></td><td></td><td></td><td></td></tr>
<tr><td></td><td colspan="3"></td><td></td><td></td><td></td><td></td></tr>
<tr><td></td><td colspan="3"></td><td></td><td></td><td></td><td></td></tr>
<tr><td></td><td colspan="3"></td><td></td><td></td><td></td><td></td></tr>
<tr><td></td><td colspan="3"></td><td></td><td></td><td></td><td></td></tr>
<tr><td></td><td colspan="3"></td><td></td><td></td><td></td><td></td></tr>
<tr><td></td><td colspan="3"></td><td></td><td></td><td></td><td></td></tr>
<tr><td></td><td colspan="3"></td><td></td><td></td><td></td><td></td></tr>
<tr><td colspan="2">更改号</td><td colspan="3"></td><td colspan="2">拟定</td><td>校正</td><td>审核</td><td colspan="2">批准</td></tr>
<tr><td colspan="2">更改者</td><td colspan="3"></td><td colspan="2"></td><td></td><td></td><td colspan="2"></td></tr>
<tr><td colspan="2">日期</td><td colspan="3"></td><td colspan="2"></td><td></td><td></td><td colspan="2"></td></tr>
</table>

6. 写出下列工具的名称。

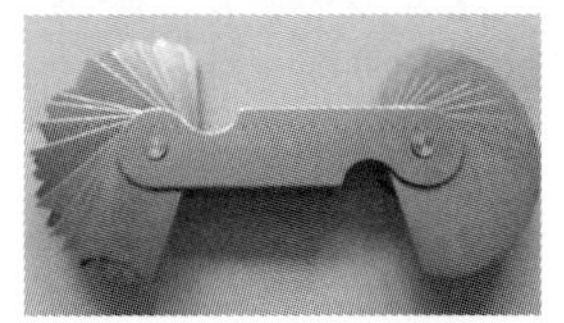

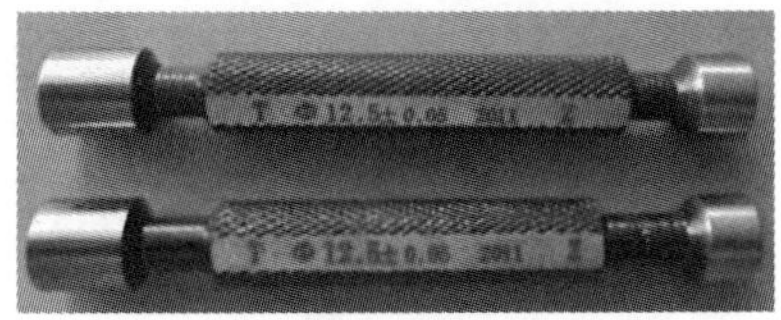

7. 根据你的分析，安排工作进度，填入下表。

序号	工作内容	计划时间	所需工、量、刃夹具	工作要求	备注

学习活动3 R配的制作

◇学习目标◇

1. 能按照“7S”管理规范实施作业。
2. 能合理地使用设备并正确地进行操作。
3. 能正确地选择量具、工具进行零件加工。
4. 能熟练操作精密量具对工件进行测量。

◇学习过程◇

一、学习准备

图纸、刀具、刃具、工具、量具、毛坯。

二、引导问题

1. 按加工工艺卡片加工并记录。

2. 划线时应如何选用划线基准?

3. 加工中问题记录及解析。

学习活动 4　产品质量检测及误差分析

◇学习目标◇

1．能按检测要求完成加工工件的检测。
2．能按照检测技术要求完成检测评分表。

◇学习过程◇

一、学习准备

图纸、检测设备、检测量具。

二、引导问题

1．*R*6 和 *R*10 的圆弧用什么量具、什么方法进行检测？

2．配合间隙平面部分 $\leqslant$ 0.04 mm 用什么量具检测？

3．工件检测评分表。

考核项目	考核要求	配分	评分标准	检测结果	扣分	得分	备注
锉削尺寸	60 ± 0.02 mm	5	每超差 0.01 mm 扣 1 分				
	80 ± 0.02 mm	5	每超差 0.01 mm 扣 1 分				
	40 ± 0.03 mm	5	每超差 0.01 mm 扣 1 分				
	10+0.03 mm（2 处）	5	每超差 0.01 mm 扣 1 分				
	30 0 –0.03 mm	5	每超差 0.01 mm 扣 1 分				
	35 0 –0.03 mm	5	每超差 0.01 mm 扣 1 分				
	*R*100 –0.03 mm	5	每超差 0.01 mm 扣 1 分				
锯削尺寸	40 ± 0.3 mm	5	每超差 0.1 mm 扣 1 分				
	平行度 0.35 mm	3	每超差 0.1 mm 扣 1 分				
	表明粗糙度 *Ra*12.5 μm	2	每超差 0.1 mm 扣 1 分				
配合	配合间隙	20	每超差 0.01 mm 扣 1 分				
	端面错位量≤ 0.06 mm	5	每超差 0.01 mm 扣 1 分				
表面	*Ra*3.2 μm	10	每超差 0.01 mm 扣 1 分				
安全文明生产	安全文明有关规定	10	违反有关规定，酌情扣 1~10 分				
	周围场地整洁；工、量、夹具摆放合理	10	不整洁或不合理，酌情扣总分 1~10 分				
备注	每处尺寸超差≥ 1 mm 或有缺陷的酌情扣考件总分 5~10 分						

◇评价与分析◇

活动过程评价表

班级：　　　　　　姓名：　　　　　学号：　　　　　　　　　　年　　　月　　　日

<table>
<tr><th colspan="2">评价项目及标准</th><th>分数</th><th>自我评价（10%）</th><th>小组评价（30%）</th><th>教师评价（60%）</th></tr>
<tr><td rowspan="5">操作技能</td><td>1. 检测工量具的正确、规范使用</td><td>10</td><td></td><td></td><td></td></tr>
<tr><td>2. 动手能力强，理论联系实际，善于灵活应用</td><td>10</td><td></td><td></td><td></td></tr>
<tr><td>3. 检测的速度</td><td>10</td><td></td><td></td><td></td></tr>
<tr><td>4. 熟悉质量分析、结合实际，提高自身综合实践能力</td><td>10</td><td></td><td></td><td></td></tr>
<tr><td>5. 检测的准确性</td><td>10</td><td></td><td></td><td></td></tr>
<tr><td></td><td>6. 通过检测，能对加工工艺合理性分析</td><td>10</td><td></td><td></td><td></td></tr>
<tr><td>实习过程</td><td>1. 查阅、收集资料情况
2. 任务完成情况
3. 成果展示情况
4. 纪律观念
5. 实训安全操作
6. 检测工件规范情况
7. 平时出勤情况
8. 检测完成质量
9. 检测的速度与准确性
10. 每天对工量具的整理、保管及场地卫生清扫情况</td><td>30</td><td></td><td></td><td></td></tr>
<tr><td>情感态度</td><td>1. 师生互动
2. 良好的劳动习惯
3. 组员的交流、合作
4. 实践动手操作的兴趣、态度、积极性</td><td>10</td><td></td><td></td><td></td></tr>
<tr><td colspan="2">小计</td><td>100</td><td>_×0.1=_</td><td>_×0.3=_</td><td>_×0.3=_</td></tr>
<tr><td colspan="2">总计</td><td colspan="4"></td></tr>
<tr><td>工件检测得分</td><td></td><td colspan="2">综合测评得分</td><td></td><td></td></tr>
<tr><td>简要评述</td><td colspan="5"></td></tr>
</table>

注：综合测评得分 = 总计 50%+ 工件检测得分 50%。

任课教师签字：＿＿＿＿＿＿＿＿＿＿

学习活动5　工作小结

◇学习目标◇

1. 能清晰合理地撰写总结。
2. 能有效进行工作反馈与经验交流。

◇学习过程◇

一、学习准备。

任务书、数据的对比、结果分析等。

二、引导问题

1. 请简单写出本次任务的最大收获。

2. 写出本次学习任务过程中存在的问题并提出解决方法。

3. 写出你认为本次学习任务中你做得最好的一项或几项内容。

4. 完成工作总结，提出改进意见。

◇知识链接◇

R 配加工工艺

一、底板图样分析

分析图样当中的重要部分与次要部分。

1. 重点尺寸；

2. 非重点尺寸。

二、工件材料大小确定

以图纸当中实际最大外形尺寸加 5 mm，材料：85 mm × 65 mm × 8 mm。

三、制定加工顺序

外形加工→划线→检查划线精度并打样冲眼→孔加工→按照工艺顺序工件加工。

四、使用设备及工量刃具情况

1. 使用设备：Z4012 台式钻床、立钻 Z5932、平口钳。

2. 使用工量刃具。

（1）刃具：钻头（Φ3、Φ20）、钻帽钥匙、垫铁；

（2）量具：游标卡尺、千分尺、万能角度尺、刀口角尺、高度划线尺、R 规；

（3）工具：平锉（300 mm、200 mm）、三角锉、方锉整形锉、小锤、样冲。

五、加工步骤

1. 外形加工：（80 ± 0.02）mm ×（60 ± 0.02）mm × 8 mm。

2. 划线如图 2–2–2。

按照划线图 2–2–2（a）（b）使用高度划线尺划线，然后按照图样要求在圆心的十字交点处打样冲银，用划规画出 $R10$ 的圆弧。

3. 打样冲眼。

在钻孔中心十字交叉点上打上样冲银，在划线线条上大约每 5 mm 的位置上打一个样冲眼（明确加强界限）。

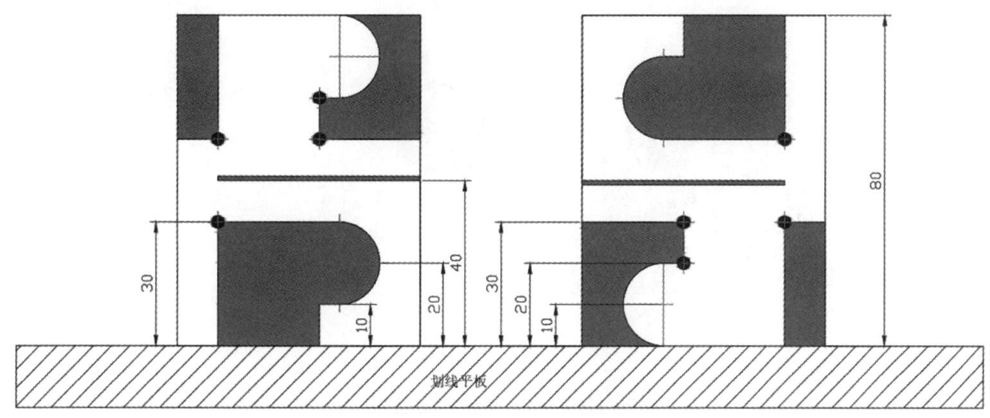

图 2–2–2（a）　以上下两面划线尺寸

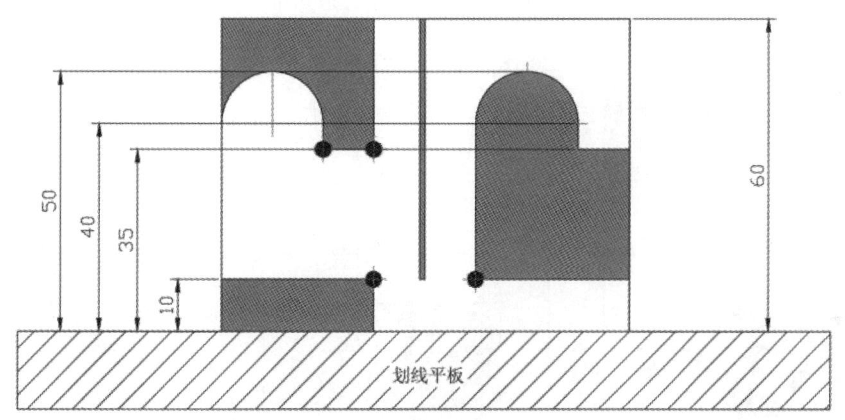

图 2–2–2（b）　以侧面基准划线图

4．孔加工。

孔加工相关计算：

钻床转速计算方法：n=1000 v/πd；钻削钢件时的切削速度 v=16~24 m/min；

使用计算公式分别计算出：Φ3、Φ20 钻孔时用的转速；

Φ3=（1698~2548）n/min；

Φ20=（254~382 n/min。

使用台式钻床先加工 Φ3 工艺孔及排料孔，再使用立式钻床用精密孔加工的方向进行加工 Φ20 排料大孔，如图 2–2–3 所示。

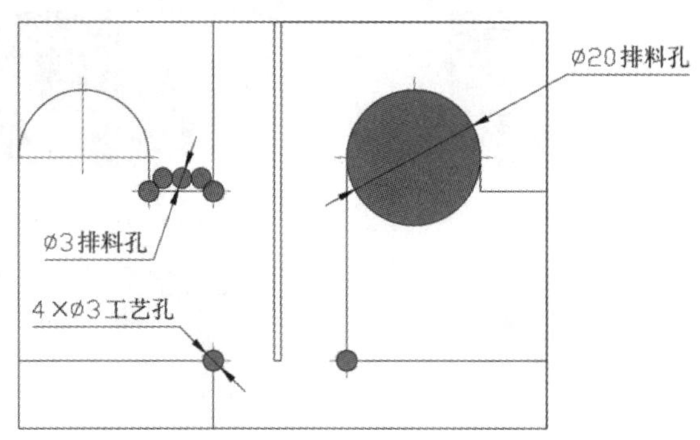

图 2–2–3　钻孔位置图

5．工件加工。

工件加工部位顺序如图 2–2–4 所示。

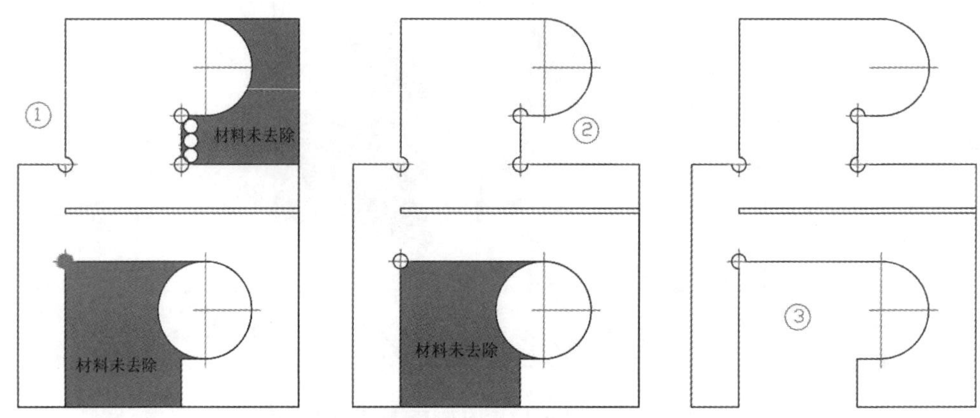

图 2–2–4　工件加工顺序

每一个加工面加工时按照图样要求先锯出余料，粗锉近线；按照图纸技术要求精确加工各面，使加工面达到图纸技术要求。在加工中测量时应根据测量面尺寸的标注情况和实际尺寸进行尺寸换算的计算。

6．锯削加工。

锯削凹件符合技术要求，尺寸达到 40 ± 0.3 mm。

六、检查、做记号交工件待检查。

典型工作任务三　燕尾圆弧（选做任务）

◇学习目标◇

1. 能使用精密量具进行加工测量。
2. 能熟练使用各种类型种钻床进行孔加工。
3. 能制作专用样板进行测量。
4. 能看懂加工图样并制定加工步骤。

◇零件图样◇

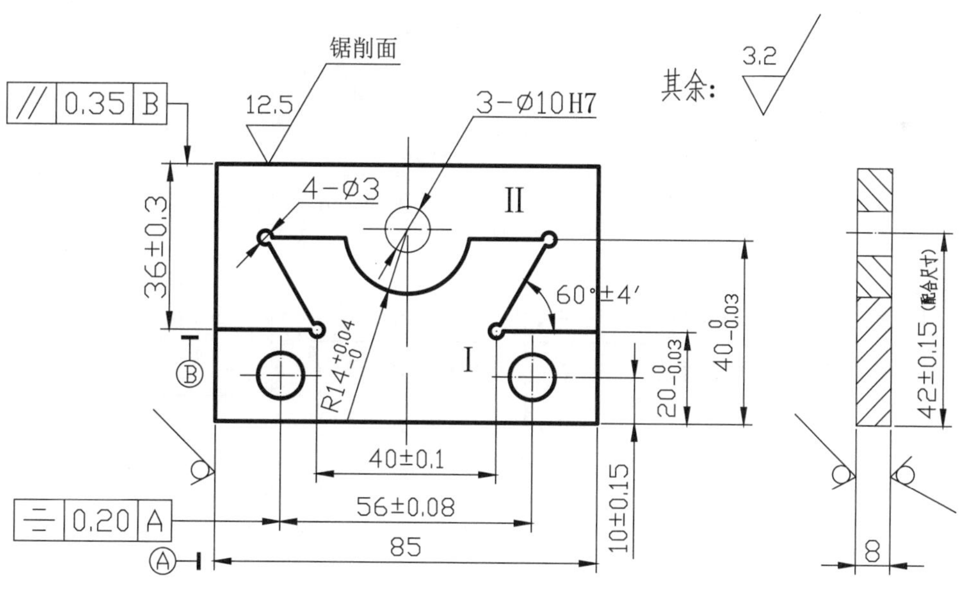

图 2-3-1　零件图样

◇工件检测评分◇

序号		技术要求	配分	评分标准	实测记录	得分
件 1	1	$16_{-0.02}^{0}$	6	超差全扣		
	2	$16_{0}^{+0.02}$（两处）	6	每超一处扣 3 分		
	3	96 ± 0.02 mm	3	超差全扣		
	4	56 ± 0.02 mm	3	超差全扣		
	5	32 ± 0.02（两处）	6	每超一处扣 3 分		
	6	2–60° ± 2 '	6	每超一处扣 3 分		
	7	⌯ 0.04 A 两处	6	每超一处扣 3 分		
	8	*Ra*3.2 μm	6	每超一处扣 0.5 分		
件 2	9	96 ± 0.02 mm	3	超差全扣		
	10	32 ± 0.02（两处）	6	每超一处扣 3 分		
	11	30 ± 0.10 mm	3	超差全扣		
	12	36 ± 0.10 mm	3	超差全扣		
	13	8 ± 0.10（两处）	6	每超一处扣 3 分		
	14	*Ra*3.2 μm	6	每超一处扣 0.5 分		
配合	15	48 ± 0.04 mm	4	超差全扣		
	16	36 ± 0.10（两处）	6	每超一处扣 3 分		
	17	3–$\varPhi$8H7	3	每超一处扣 1 分		
	18	配合间隙≤ 0.04 mm	18	每超一处扣 2 分		
19		安全文明生产	扣分	违者每次扣 2 分，严重者扣 5~10 分		
20		工时	7 h（每超过 15 min 扣 1 分）			
21		总分				

典型工作任务四　圆弧背向配（选做任务）

◇学习目标◇

1．能使用精密量具进行加工测量。
2．能熟练使用各类型种钻床进行孔加工。
3．能制作专用样板进行测量。
4．能看懂加工图样并制定加工步骤。

◇零件图样◇

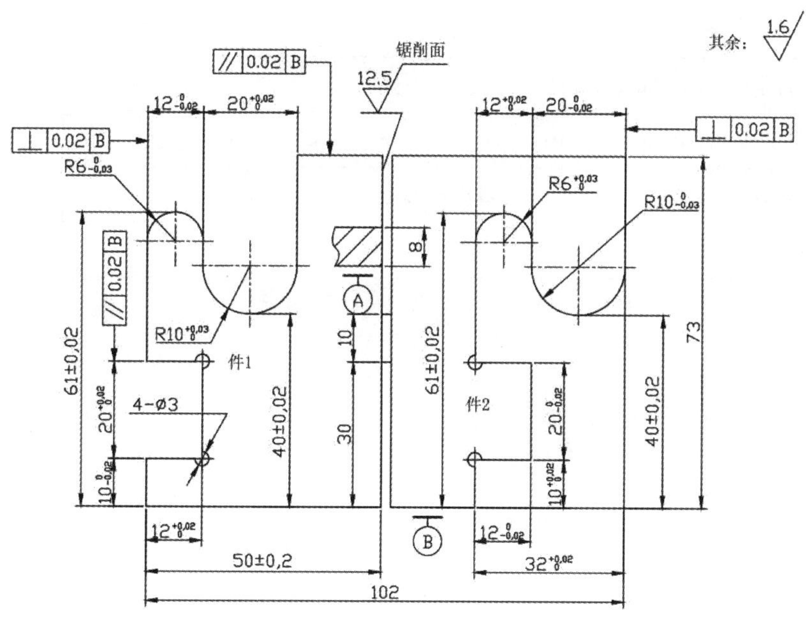

技术要求：
1.感觉由检测时分开，平面部分配合间隙≤0.04mm，曲面部分≤0.06mm，错位量≤0.04mm。
2.锯削面不允许其他工具、刃具加工。
3.锐边倒钝

图 2-4-1　零件图样

◇工件检测评分◇

序号	项目技术要求	配分	评分标准	检测结果	扣分	得分	备注
1	$32_{0}^{+0.015}$mm	5	超差不得分				
2	$12_{-0.015}^{0}$mm	5	超差不得分				
3	$10_{0}^{+0.01}$mm	5	超差不得分				
4	$20_{-0.015}^{0}$mm	5	超差不得分				
5	$61_{-0.02}^{0}$mm	4	超差不得分				
6	$40_{0}^{+0.015}$mm	4	超差不得分				
7	0.02 B	8	超差不得分				
8	表面粗糙度 Ra1.6 μm	10	超差不得分				
9	$R6_{0}^{+0.01}$ mm	4	超差不得分				
10	$R10_{-0.015}^{0}$ mm	4	超差不得分				
11	// 0.02 B	6	超差不得分				
12	平面部分间隙≤ 0.04 mm	15	超差不得分				
13	曲面部分间隙≤ 0.06 mm	10	超差不得分				
14	错位量≤ 0.04 mm	5	超差不得分				
15	安全文明生产	10	违反不得分				

典型工作任务五　4100 型内燃机配气机构的装配调整

◇学习目标◇

1. 要求学生理解 4100 型内燃机配气机构的结构。
2. 合理选用并熟练规范地使用拆装工具。
3. 熟练地对 4100 型内燃机配气机构进行拆装。
4. 认真分析、解决拆装中出现的技术问题。

◇建议课时◇

24 课时。

◇学习过程◇

学习活动 1　接受任务，制定拆装计划
学习活动 2　拆装前的准备工作
学习活动 3　内燃机配气机构的拆装

◇学习任务描述◇

学生在接受拆装任务后，查阅信息单，做好拆装前准备工作，包括查阅 4100 型内燃机结构，准备工具、量具、清洗剂、标识牌，并做好安全防护措施。通过分析 4100 型内燃机结构，要求学生理解拆装任务，制定合理的拆装计划，分析制定拆装工艺，确定拆卸顺序，完成配气机构的拆装及零部件的拆卸。拆卸过程中，清理、清洗、规范放置各零部件，使用合理的检测方法正确检验配气机构的拆装的正确性。在工作过程中，严格遵守起吊、拆装、搬运、用电、消防等安全规程要求。工作完成后，按照现场管理规范清理场地、归置物品，并按照环保规定处置废油、废液等废弃物。

◇任务评价◇

序号	学习活动	评价内容					占比
		活动成果（40%）	参与度（10%）	安全生产（20%）	劳动纪律（20%）	工作效率（10%）	
1	接受任务，制定拆装计划	查阅信息单	活动记录	工作记录	教学日志	完成时间	20%
2	拆装前的准备工作	工、量具、设备清单	活动记录	工作记录	教学日志	完成时间	20%
3	内燃机配气机构的拆装	内燃机配气机构的拆装	活动记录	工作记录	教学日志	完成时间	50%
4	工作小结	总结	活动记录	工作记录	教学日志	完成时间	10%
总计							100%

学习活动1　接受任务，制定拆装计划

◇学习目标◇

1. 能接受任务，理解任务要求。
2. 能遵守设备拆装与检测操作规程。
3. 能制定拆装与检测工艺。

◇学习过程◇

一、学习准备

《发动机构造》教材、任务书、机修教材、学习用品。

二、引导问题

1. 写出下列名词的含义，并在图形中指出位置。

名词	含义	
上止点		进气阀 排气阀 燃烧室 气缸 活塞 曲柄 连杆 R 曲轴旋转中心
下止点		
活塞行程		

2．根据图示，分析内燃机的构造，并简要说明各系统机构的作用。

图　2-5-1　内燃机示意图

3．根据图示，分析内燃机工作原理。

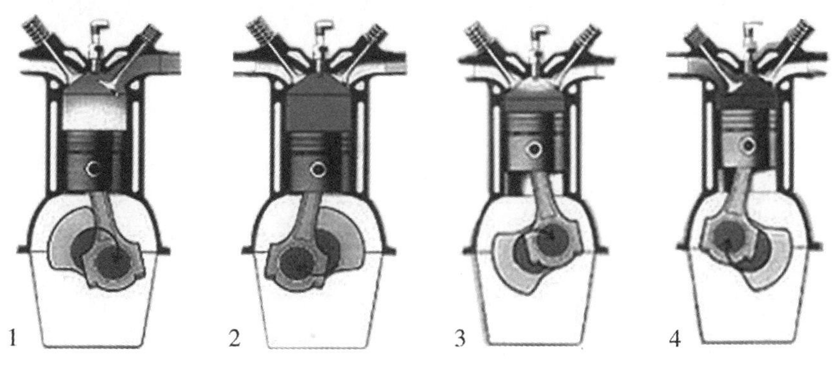

图　2-5-2　内燃机工作原理图

4. 根据分析，安排工作进度。

序号	开始时间	结束时间	工作内容	工作要求	备注

◇温馨提示◇

小组记录需要：记录人、主持人、日期、内容等要素。

学习活动 2　拆装前的准备工作

◇学习目标◇

1. 能写出拆装前准备工作的内容。
2. 能熟悉内燃机配气机构的结构。
3. 能认识内燃机配气机构拆装中所需的工具、量具及设备。

◇学习过程◇

一、学习准备

任务书、机修教材、学习用品。

二、引导问题

1. 装配前的准备工作有哪些？

2. 常用的零件清洗液有哪几种？各用在什么场合？

3. 列出你所需要的工量具，填入下表。

序号	名称	规格	精度	数量	用途
1					
2					
3					
4					
5					
6					
7					

学习活动3　内燃机配气机构的拆装

◇学习目标◇

1．能按照“7S”管理规范操作。
2．能合理选用并熟练规范地使用拆装工具及设备。
3．能熟练地对4100型内燃机配气机构进行拆装。

◇学习过程◇

一、学习准备

拆装工具、量具及设备、教材、“7S”管理规范。

二、引导问题

1．螺栓、螺母的拆装有何要求?

2．根据图2-5-3，分析内燃机配气机构工作过程?（零件名称自行查找）

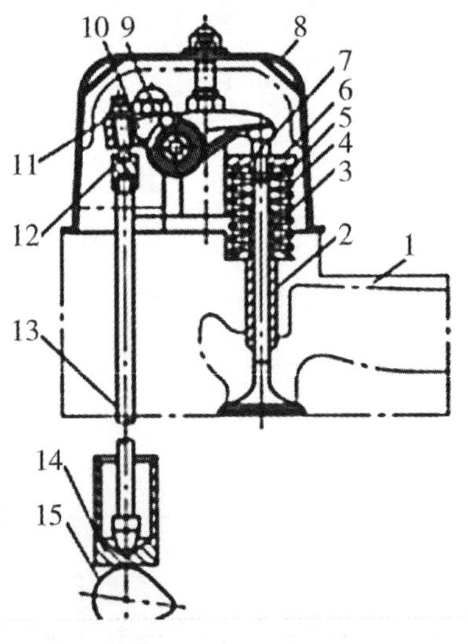

图　2-5-3　内燃机配气工作图

3．内燃机拆装过程中，的注意事项有哪些？

4．在装配过程中，为什么要注意“正时记号”对正？

5．按工序及工步总结出内燃机的拆装步骤（自主补充表格）。

工序	工步	操作内容	使用工具	注意事项

◇评价与分析◇

活动过程评价表

班级：　　　　　姓名：　　　　　学号：　　　　　　　　　年　月　日

评价项目及标准		分数	自我评价（10%）	小组评价（30%）	教师评价（60%）
操作技能	1. 拆装工具的正确、规范使用	10			
	2. 动手能力强，理论联系实际，善于灵活应用	10			
	3. 拆装的速度	10			
	4. 掌握配气机构结构及拆装顺序的能力	20			
	5. 检测方法	10			
实习过程	1. 工、量具及设备的规范使用情况 2. 平时出勤情况 3. 拆装工作的顺序是否正确 4. 每天对工具的整理、保管及场地卫生清扫情况	20			
情感态度	1. 师生互动 2. 良好的劳动习惯 3. 组员的交流、合作 4. 实践动手操作的兴趣、态度、积极性	20			
小计		100	_ ×0.1=_	_ ×0.3=_	_ ×0.3=_
简要评述					

等级评定：A：优（10） B：好（8） C：一般（6） D：有待提高（4）。

任课教师签字：____________

活动过程教师评价量表

<table>
<tr><td>班级</td><td colspan="2"></td><td>姓名</td><td></td><td>学号</td><td></td><td>日期</td><td>月　日</td><td>配分</td><td>得分</td></tr>
<tr><td rowspan="5">教师评价</td><td>劳保用品穿戴</td><td colspan="7">严格按《实习守则》要求穿戴好劳保用品</td><td>5</td><td></td></tr>
<tr><td>平时表现评价</td><td colspan="7">1. 出勤情况
2. 纪律情况
3. 态度积极
4. 任务完成质量
5. 良好的习惯，岗位卫生情况</td><td>15</td><td></td></tr>
<tr><td rowspan="2">综合专业技能水平</td><td>基本知识</td><td colspan="6">1. 熟悉内燃机配气机构结构　2. 熟练查阅资料
3. 拆装工作的原则　4. 工具量的使用</td><td>20</td><td></td></tr>
<tr><td>操作技能</td><td colspan="6">1. 熟练使用工、量具对内燃机配气机构进行拆装
2. 能对内燃机配气机构进行拆装
3. 装配质量能达到精度要求</td><td>30</td><td></td></tr>
<tr><td>情感态度评价</td><td colspan="7">1. 互动与团队合作
2. 良好的劳动习惯，注重提高自身的动手能力
3. 实践动手操作的兴趣、态度、积极性</td><td>10</td><td></td></tr>
<tr><td>自评</td><td>综合评价</td><td colspan="7">1. 组织纪律性，遵守实习场所纪律及有关规定
2. “7S”执行情况
3. 专业基础知识与专业操作技能的掌握情况</td><td>10</td><td></td></tr>
<tr><td>互评</td><td>综合评价</td><td colspan="7">1. 组织纪律性，遵守实习场所纪律及有关规定
2. “7S”执行情况
3. 专业基础知识与专业操作技能的掌握情况</td><td>10</td><td></td></tr>
<tr><td colspan="9">合计</td><td>100</td><td></td></tr>
<tr><td>建议</td><td colspan="10"></td></tr>
</table>

◇知识链接◇

4100 型柴油发动机主要总成的装配工艺

一、曲轴的装配

（1）装挺柱时，在挺柱表面加适量机油，要求装配时挺柱靠自重下落。

（2）装堵片时，注意观察堵片“O”形圈走向；装配后“O”形圈不能发生剪切、断裂、卷边等，高度与机体后端面平齐或略低于机体后端面。

（3）按机型选择正确的凸轮轴；装配时在凸轮各轴颈及齿轮上加适量机油，然后装配到位；检查凸轮轴是否转动灵活。

（4）装机油泵传动齿轮合件，要求传动齿轮和机油泵为同一厂家；预紧、终紧上轴套盖螺栓，装配后检查传动齿轮是否转动灵活；机油泵传动齿轮间隙 0.8 ± 0.2 mm。

（5）在第五道轴承盖上用专用夹具敲装定位销，高度要求为 2.1~2.4 mm。

（6）将轴承盖从机体上取下按顺序、按方向摆放整齐，不能用铜棒敲落。

（7）检查轴承盖、轴承座及配合面是否清洁。

（8）装轴瓦时，分清上、下瓦，宽、窄瓦，并保证卡瓦槽对正装配，然后用毛巾擦干净轴瓦表面；分别加适量机油。

（9）选择清洁干净且符合状态要求的曲轴装机，并在各轴颈及止推片槽内加适量机油。

（10）将轴承盖按顺序装到机体上，用铜棒敲装到位，保证卡瓦槽方向一致。

（11）装止推片时，保证带油槽面靠曲轴两端面，并且充分定位。

（12）在主轴承螺栓上前 3~5 牙涂螺纹紧固胶。

（13）按先中间、后两边、对角紧的顺序，按拧紧主轴承螺栓扭力为（200~240 N·m）的方式拧紧螺栓，并转动曲轴，保证转动灵活无卡滞。

（14）装配完后，检查曲轴轴向间隙是否在 0.07~0.26 mm 内，若达不到，用铜棒轻轻敲击曲轴两端面。

二、总装活塞连杆总成及调整

（1）检查活塞分组是否与缸套一致，活塞总重量、连杆总重量、连杆大小头尺寸是否一致。

（2）在连杆瓦、活塞环部、裙部及活塞销与活塞及连杆配合处加适量机油。

（3）保证活塞燃烧室方向朝向喷油泵一侧，卡瓦槽方向向上，用专用滑套装配，并保证连杆及连杆盖卡瓦槽方向一致。

（4）转动活塞环使机油充分润滑活塞环槽，同时转各环开口角度，使之相互错开 120°，并避开活塞销位置。

（5）先将活塞连杆轴颈位置转到一、四缸或二、三缸，将活塞装入。

（6）拧紧连杆螺栓，力矩为 100~140 N · m，并检查连杆大头轴向间隙，保证在 0.31~0.57 mm 内。

（7）转动活塞连杆 3~5 圈，保证转动灵活无卡滞。

①壳体。根据指导书要求选择相应的壳体，并检查配合面是否清洁；用后油封导向套定位，对正圆柱销将壳体装配到位；然后检查后油封主副唇下不能有变形、剪切、翻边等现象；按顺序拧紧壳体螺栓。

②普通型 70~110 N · m，特殊型 100~120 N · m。

③飞轮。根据活塞连杆编号，选择同编号飞轮装配，装配时检查各接触面，保证清洁、无油污、杂质；选择正确的飞轮螺栓，保证保险片盖住定位销孔，按对角要求拧紧螺栓（拧紧力 100~140 N · m）；用专用工具将保险片翻边，并包紧螺栓六角头对边，同时转动飞轮，检查是否有卡滞。

④压盘。根据飞轮编号选择对应的压盘及摩擦片，注意摩擦片必须与压盘为同一厂家，同时擦净压盘与摩擦片的接触面，号码必须与飞轮号码同向；选择对应的花键轴定位，若有定位螺栓，必须先紧定位螺栓；活塞连杆、飞轮、离合器编号在同一条线上（见图 2-5-4）。

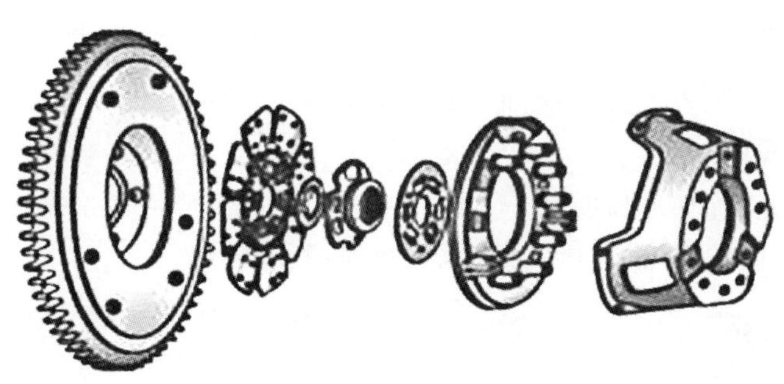

图 2-5-4　离合器总成图

三、正时安装及调整

（1）装止推板时，要求有槽面向外，与凸轮轴不产生运动干涉。

（2）喷油口高度离前端平面 27 mm，喷油口应对准凸轮轴正时齿轮与提前器齿轮啮合线处。

（3）在各个轴颈部位加注机油润滑。

（4）装正时齿轮，有记号（见图 2-5-5）的面向上，用夹具定位好后用铜棒敲击到位。

（5）装大泵底板纸垫时，检查是否完好。

（6）装大泵总成时，用铜棒敲大泵底板到指定位置，定位准确；将大泵底板表面擦干净，将大泵底板螺栓紧固。

图　2-5-5　正时齿轮记号图

（7）装凸轮轴齿轮，有记号面向上，用铜棒敲击（边敲边转）到位，将齿轮表面擦干净（注：键不能漏装）。

（8）装堕齿轮，记号对齐，不能用敲装入，用手轻压放下堕齿轮。

正时齿轮记号装配核对	1. 接技术要求装配时规齿轮（正时齿轮），动作要领规范安全。 2. 装配校对，曲轴正时齿轮，凸轮轴正时齿轮，高压油泵正时齿轮，所有正时记号必须全部正确。

（9）在齿轮外圆表面加注机油，紧固提前器压紧螺栓（70~100 N・m），紧固凸轮轴、堕轮压板螺栓。

（10）垫片光滑面应对轴端面（见图 2-5-6），螺栓 3~5 牙涂螺纹紧固胶。

（11）装挡油盘，平面向内，装反导致齿轮不能转动。

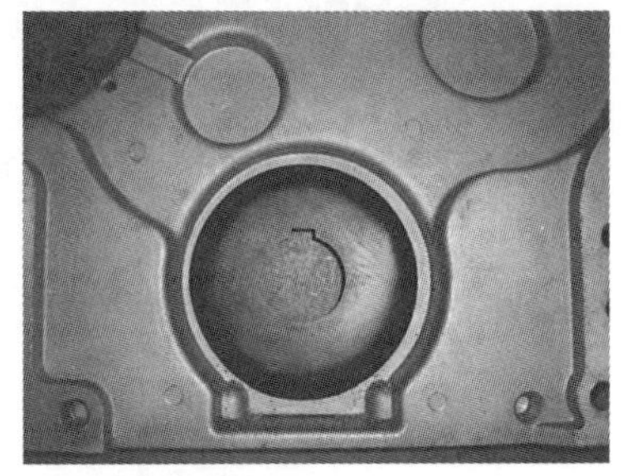

图　2-5-6　发动机端面图

（12）装正时齿轮室罩纸垫，检查其是否完好。

（13）装正时齿轮室罩时，用夹具定位，将螺栓预紧，检查三结合面平面度小于 0.12 mm；用刮刀刮去纸垫多余部分；装油封、用夹具装不能出现断裂、卷边、抛毛。

（14）装皮带轮时，用铜棒敲击，装配到指定位置；装启动爪，在 3~5 牙涂螺纹紧固胶，转动 2~3 圈，检查转动是否灵活，扭力（200~230 N・m）。

（15）装水泵纸垫、水泵时，安装完后检查皮带轮是否转动灵活。

四、总装缸盖总成及调整

（1）检查缸盖定位套是否装好，定位套高度为 6 mm。

（2）在汽缸垫上双面涂适量机油。

（3）检查机体顶面，缸套内及活塞顶部是否有杂物，清除后将分装好的气缸盖组件（按机体状态号选择）按要求吊装到机体顶面（注意：用毛巾擦净缸盖底面）。

（4）拧紧循环胶管时，注意检查胶管是否有裂纹，有裂纹时就必须更换。

（5）压缩余隙为 0.6~1.1 mm。

（6）将二、三道螺栓前端 3~5 牙涂螺纹紧固胶。

（7）在第一道螺栓孔的位置装工艺摇臂，按顺序拧紧螺栓，扭力为 160~200 N · mm。

（8）若用拧紧机拧紧完后，还须用扭力扳手全部复紧。

五、气门间隙的调整及气缸盖的安装

气门间隙的调整	1. 使用工、量具过程要求动作规范、要领正确 2. 转动曲轴要求达到调整点位置 3. 按两次调整或逐缸调整方法完成 4. 调整技术要求，进气门为 0.30 mm，排气门为 0.35 mm
气缸盖的安装	1. 气缸盖螺栓拧紧时顺序分三次逐渐拧紧，必须先紧中间，后两边，交叉拧紧 2. 气缸盖螺栓扭紧力矩要求为 160~200N · mm 3. 操作方法规范，拧紧顺序正确

典型工作任务六　CA6140 车床精度检测

◇学习目标◇

1. 熟悉机床几何精度检测的内容、原理、方法和步骤。
2. 掌握水平仪、百分表的使用方法。
3. 了解机床几何精度对加工精度的影响。
4. 能熟练运用检测工具对机床进行检测。

◇建议课时◇

20 课时。

◇学习过程◇

学习活动 1　接受任务，制定检测计划
学习活动 2　精度检测前的准备工作
学习活动 3　CA6140 车床的精度检测
学习活动 4　工作小结

◇学习任务描述◇

学生在接受检测任务后，查阅信息单，做好检测前的准备工作，包括查阅 CA6140 车床主轴结构，准备工具、量具、清洗剂、标识牌，并做好安全防护措施。通过分析 CA6140 车床结构，要求学生理解检测任务，制定合理的检测计划，分析制定检测工艺，确定检测顺序，完成 CA6140 车床的精度检测。检测过程中，清理、清洗、规范放置各零部件，使用合理的检测方法正确检测。在工作过程中，严格遵守起吊、拆装、搬运、用电、消防等安全规程要求，工作完成后按照现场管理规范清理场地、归置物品，并按照环保规定处置废油、废液等废弃物。

◇任务评价◇

序号	学习活动	评价内容					占比
		活动成果（40%）	参与度（10%）	安全生产（20%）	劳动纪律（20%）	工作效率（10%）	
1	接受任务，制定检测计划	查阅信息单	活动记录	工作记录	教学日志	完成时间	10%
2	检测前的准备工作	工、量具、设备清单	活动记录	工作记录	教学日志	完成时间	20%
3	车床主轴精度的检测	车床主轴的调整	活动记录	工作记录	教学日志	完成时间	40%
4	车床主轴的检测	精度检测	活动记录	工作记录	教学日志	完成时间	20%
5	工作小结	总结	活动记录	工作记录	教学日志	完成时间	10%
总计							100%

学习活动 1　接受任务，制定检测计划

◇学习目标◇

1. 能接受任务，理解任务要求。
2. 能遵守设备拆装与检测操作规程。
3. 能制定拆装与检测工艺。

◇学习过程◇

一、学习准备

CA6140 车床说明书、任务书、教材。

二、引导问题

1. 车床精度检测的意义是什么？

2. 试述精度检测时百分表使用时的注意事项。

3. 分组学习各项操作规程和规章制度，小组摘录要点做好学习记录。

4. 根据你的分析，安排工作进度，填入下表。

序号	开始时间	结束时间	工作内容	工作要求	备注

◇温馨提示◇

小组记录需要：记录人、主持人、日期、内容等要素。

学习活动 2　精度检测前的准备工作

◇学习目标◇

1. 能写出检测前的准备工作内容。
2. 能熟悉车床结构。
3. 能认知车床主轴检测工作中所需的工具、量具及设备。

◇学习过程◇

一、学习准备

CA6140 车床说明书、任务书、教材。

二、引导问题

1. 检验棒的清洁、安装应该注意的事项有哪些？

2. 常用的精度检测工量具有哪些？

3. 车床几何精度对加工的影响有哪些？

4. 写出下列量具和量仪的名称。

______________________　　______________________

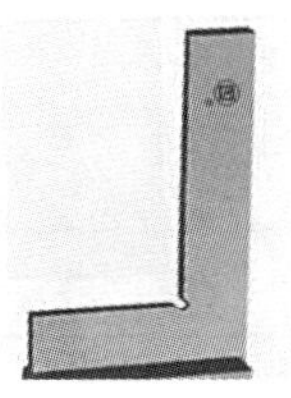

______________________　　______________________

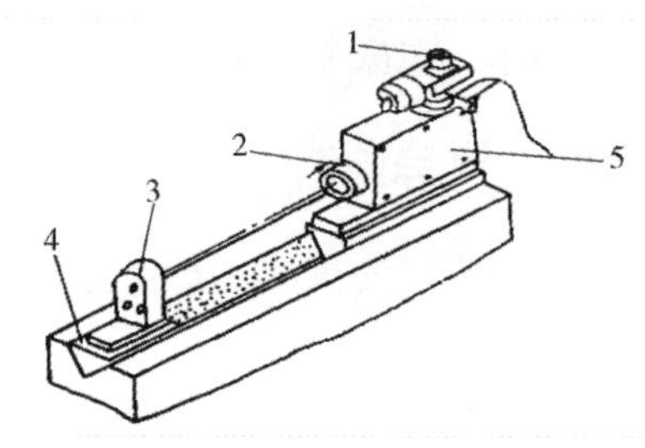

5．列出你所需要的工量具，填入下表。

序号	名称	规格	精度	数量	用途
1					
2					
3					
4					
5					
6					
7					

学习活动 3　CA6140 车床主轴精度检测

◇学习目标◇

1. 能对主轴径向跳动进行检测。
2. 能对主轴轴向窜动进行检测。
3. 能对主轴精度修复调整。
4. 量、检、工具的使用方法。

◇学习过程◇

一、学习准备

车床说明书、检测用工、量具及设备。

二、引导问题

1. 确定工具和量具

<table>
<tr><th colspan="2">名称</th><th>规格</th><th>数量</th><th>作用</th><th>备注</th></tr>
<tr><td rowspan="5">工具及量具</td><td></td><td></td><td></td><td></td><td></td></tr>
<tr><td></td><td></td><td></td><td></td><td></td></tr>
<tr><td></td><td></td><td></td><td></td><td></td></tr>
<tr><td></td><td></td><td></td><td></td><td></td></tr>
<tr><td></td><td></td><td></td><td></td><td></td></tr>
<tr><td rowspan="2">其他</td><td></td><td></td><td></td><td></td><td></td></tr>
<tr><td></td><td></td><td></td><td></td><td></td></tr>
</table>

2. 画出床鞍移动在水平面内的直线度检测示意图，并简述测量过程。

3. 画出主轴锥孔轴线的径向跳动示意图，并简述测量过程。

4．记录径向跳动、轴向窜动的误差值。

项目	测量值 /mm	允许误差 /mm
径向跳动		
轴向窜动		

5．画出顶尖跳动的测量示意图，并简述测量过程。

6．完成下列车床精度检测项目。

序号	检验内容	检验图示	检验参考值（允差）	检验结果	测评
1	床鞍移动在水平面内的直线度		$Da \leqslant 800$ 0.015 $800 < Da \leqslant 1250$ 0.02		
2	主轴锥孔轴线的径向跳动		（1）$Da \leqslant 800$ ① 0.01 ②在 300 测量长度上为 0.02 （2）$800 < Da \leqslant 1250$ ① 0.015 ②在 500 测量长度上为 0.05		
3	顶尖跳动		（1）$Da \leqslant 800$ 0.015 （2）$800 < Da \leqslant 1250$ 0.02		
4	主轴轴线对床鞍移动的平行度		（1）$Da \leqslant 800$ ①在 300 测量长度上为 0.02 （只许向上偏） ②在 300 测量长度上为 0.015 （只许向前偏） （2）$< Da \leqslant 1250$ ①在 300 测量长度上为 0.04 ②在 300 测量长度上为 0.03		

◇评价与分析◇

活动过程评价表

班级：　　　　　姓名：　　　　　学号：　　　　　　　　年　　　月　　　日

<table>
<tr><th colspan="2">评价项目及标准</th><th>分数</th><th>自我评价
（10%）</th><th>小组评价
（30%）</th><th>教师评价
（60%）</th></tr>
<tr><td rowspan="6">操作技能</td><td>1. 检测工量具的正确、规范使用</td><td>10</td><td></td><td></td><td></td></tr>
<tr><td>2. 动手能力强，理论联系实际，善于灵活应用</td><td>10</td><td></td><td></td><td></td></tr>
<tr><td>3. 检测的速度</td><td>10</td><td></td><td></td><td></td></tr>
<tr><td>4. 熟悉质量分析、结合实际，提高自身综合实践能力</td><td>20</td><td></td><td></td><td></td></tr>
<tr><td>5. 检测的准确性</td><td>10</td><td></td><td></td><td></td></tr>
<tr><td>6. 通过检测，能对主轴精度进行修复调整</td><td>10</td><td></td><td></td><td></td></tr>
<tr><td>实习过程</td><td>1. 工量具及设备的规范使用情况
2. 平时出勤情况
3. 拆装工作的顺序是否正确
4. 每天对工具的整理、保管及场地卫生清扫情况</td><td>20</td><td></td><td></td><td></td></tr>
<tr><td>情感态度</td><td>1. 师生互动
2. 良好的劳动习惯
3. 组员的交流、合作
4. 实践动手操作的兴趣、态度、积极性</td><td>10</td><td></td><td></td><td></td></tr>
<tr><td colspan="2">小计</td><td>100</td><td>_ × 0.1=__</td><td>_ × 0.3=_</td><td>_ × 0.3=_</td></tr>
<tr><td>简要评述</td><td colspan="5"></td></tr>
</table>

等级评定：A：优（10）B：好（8）C：一般（6）D：有待提高（4）。

任课教师签字：________________

活动过程教师评价量表

<table>
<tr><td>班级</td><td></td><td>姓名</td><td></td><td>学号</td><td></td><td>日期</td><td>月　日</td><td>配分</td><td>得分</td></tr>
<tr><td rowspan="4">教师评价</td><td>劳保用品穿戴</td><td colspan="6">严格按《实习守则》要求穿戴好劳保用品</td><td>5</td><td></td></tr>
<tr><td>平时表现评价</td><td colspan="6">1. 出勤情况
2. 纪律情况
3. 态度积极
4. 任务完成质量
5. 良好的习惯，岗位卫生情况</td><td>15</td><td></td></tr>
<tr><td rowspan="2">综合专业技能水平</td><td>基本知识</td><td colspan="5">1. 主轴精度的检测内容
2. 熟悉主轴精度的检测方法
3. 检测工、量具的使用</td><td>20</td><td></td></tr>
<tr><td>操作技能</td><td colspan="5">1. 能检测主轴径向跳动
2. 能检测主轴轴向窜动
3. 能对主轴轴线与导轨的平行度误差进行检测
4. 能对主轴精度修复调整</td><td>30</td><td></td></tr>
<tr><td>教师评价</td><td>情感态度评价</td><td colspan="6">1. 互动与团队合作
2. 良好的劳动习惯，注重提高自身的动手能力
3. 实践动手操作的兴趣、态度、积极性</td><td>10</td><td></td></tr>
<tr><td>自评</td><td>综合评价</td><td colspan="6">1. 组织纪律性，遵守实习场所纪律及有关规定
2. “7S”执行情况
3. 专业基础知识与专业操作技能的掌握情况</td><td>10</td><td></td></tr>
<tr><td>互评</td><td>综合评价</td><td colspan="6">1. 组织纪律性，遵守实习场所纪律及有关规定
2. “7S”执行情况
3. 专业基础知识与专业操作技能的掌握情况</td><td>10</td><td></td></tr>
<tr><td colspan="8">合计</td><td>100</td><td></td></tr>
<tr><td>建议</td><td colspan="9"></td></tr>
</table>

◇知识链接◇

一、CA6140 普通车床简介

普通车床在金属切削加工中是应用比较广泛的机床，在一般的机器制造业中，车床在金属切削机床中所占的占比比较大，约占金属切削机床的 20%~30%，其中 CA6140 型普通车床是我国自行设计的质量较好的普通车床。它的传动和结构也是比较典型的。其外形如图 2-6-1 所示，由主轴箱、进给箱、溜板箱、挂轮箱、刀架部件、尾座床身床脚、冷却、照明等部分组成。

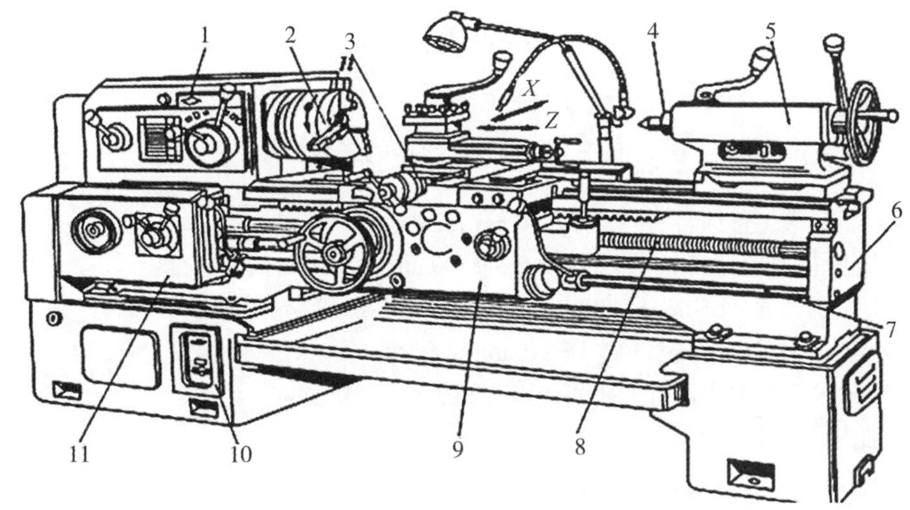

1—主轴箱；2—卡盘；3—溜板；4—顶尖；5—尾座；6—床身
7—操纵杆；8—丝杆；9—溜板箱；10—床脚；11—进给箱

图 2-6-1　CA6140 型卧式车床

二、CA6140 普通车床结构简介

（1）主轴变速箱（又称床头箱）：主要用来支承主轴并传动主轴，是主运动的变速结构。

（2）刀架部件（溜板部件）：用于装夹车刀，并使其做纵向、横向或斜向运动。由大拖板、中拖板、小拖板刀架组成。

（3）尾座：可以支承较长工件的一端，还可以进行孔加工。

（4）进给箱（又称走刀箱）：是进给系统的变速机构，主要功用是改变被加工螺纹的螺距或机动进给的进给量。

（5）挂轮箱（又称交换齿轮箱）：是把主轴的旋转运动传给进给箱的过度部件。其调换箱内齿轮可改变所车螺纹的种类。

（6）溜板箱：它靠光杆、丝杆与进给箱相连，把进给箱传来的运动传给刀架，使刀架实现纵向进给、横向进给、快速移动或车削螺纹。

（7）床身、床脚：是车床的基本支承件和构成整个机床的基础。

三、CA6140 机床的主要技术性能

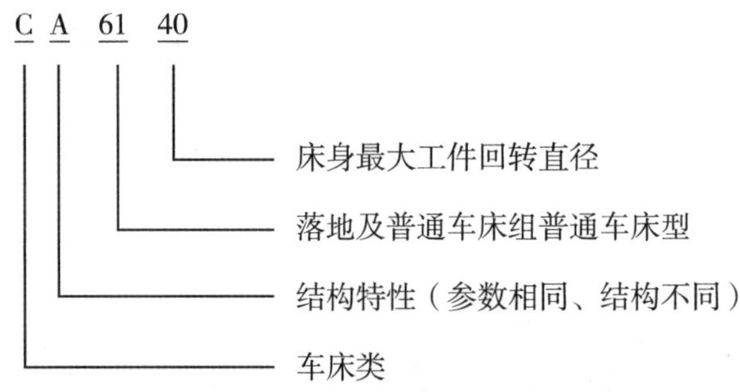

图 2–6–2　CA6140 机床的主要性能

床身上最大工件回转直径：D=400 mm；
最大工件长度：750 mm，1000 mm，1500 mm，2000 mm；
最大车削长度：650 mm，900 mm，1400 mm，1900 mm；
刀架上最大工件回转直径：D=210 mm；
主轴中心至床身平面导轨距离（中心高）：H=205 mm；
主轴内孔直径：48 mm；
主轴孔前端锥度：莫氏 6 号；
主轴转速：正转 Z=24 级，n=10~1400 r/min；
反转 Z'=12 级，n'=14~1580 r/min；
进给量：纵向及横向各 64 级；
纵向进给量：$f_{纵}$=0.028~6.33 mm/r；
横向进给量：$f_{横}$=0.5$f_{纵}$；
溜极及刀架纵向快移速度：$V_{快}$=4 m/min；
主电动机：7.5 kW，1450 r/min；
车削螺纹的范围：
米制螺纹：44 种，S=1~192 mm；
英制螺纹：20 种，a=2~24 扣 / 吋；
模数螺纹：39 种，m=0.25~48 mm；
径节螺纹：37 种，D_P=1~96 r/min。

四、用途

车削加工是在车床上由工件的旋转运动和车刀的移动相配合，进行切削机工的一

种方法，CA6140 普通车床适合于加工各种轴类、套筒类和盘类零件的回转表面，还能作钻孔、扩孔、铰孔、滚花等工作。车削时工件的旋转运动是主运动，车刀的纵向或横向移动时进给运动。图 2-6-3 所示为在 CA6140 车床加工的典型表面示意图。

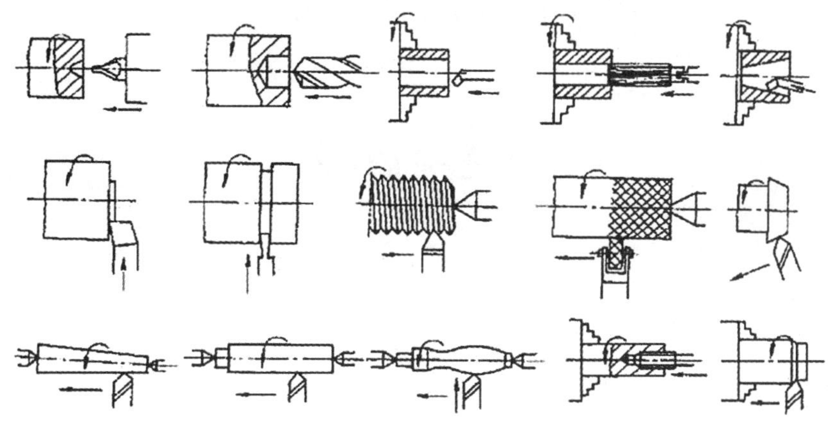

图 2-6-3　CA6140 型卧式车床加工的典型表面

五、CA6140 普通车床的传动系统简介

图 2-6-4 为 CA6140 普通车床的传动系统图。

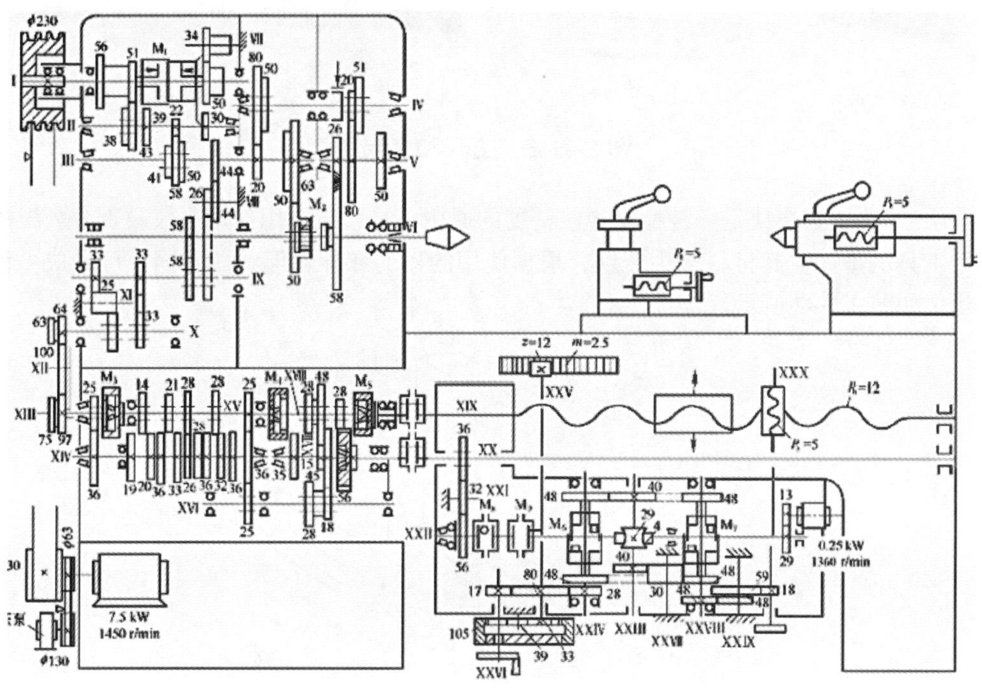

图 2-6-4　CA6140 普通车床的传动系统

六、卧式车床装配、安装与调试常用的量具和量仪

（一）常用工具、量具

（1）平尺。平尺主要用于导轨面的刮研测量，有桥型平尺、平行平尺和角形平尺三种，如图 2-6-5 所示。

（a）桥型平尺　（b）平行平尺　（c）角形平尺

图 2-6-5　平尺

（2）方尺或 90° 角尺。方尺或 90° 角尺用来检验机床部件的垂直度，常用的有方尺、90° 角尺、宽底座角尺和直角平尺等四种，如图 2-6-6 所示。

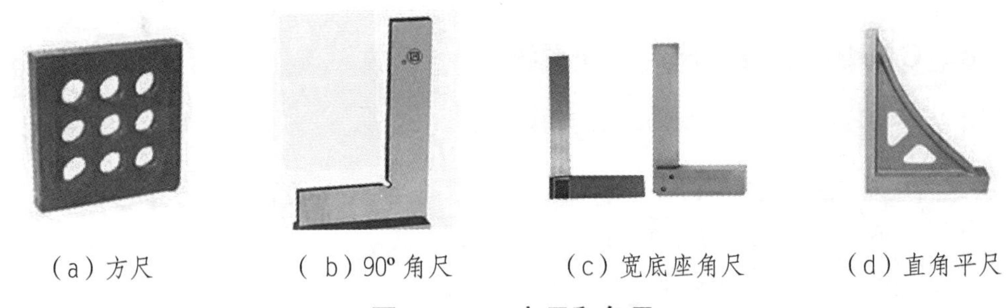

（a）方尺　（b）90° 角尺　（c）宽底座角尺　（d）直角平尺

图 2-6-6　方尺和角尺

（3）垫铁。垫铁是一种检验导轨精度的通用工具，主要用作水平仪及百分表架等测量工具的垫铁。其材料多为铸铁，根据使用的目的和导轨形状的不同，可做成多种形状，如图 2-6-7 所示。

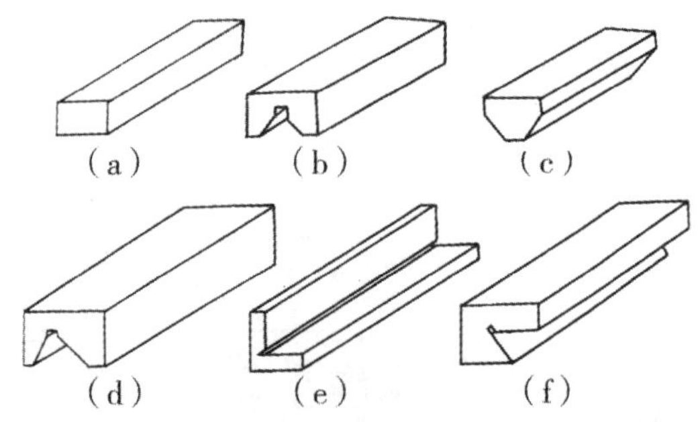

（a）平面垫铁；（b）凹 V 形垫铁；（C）凸 V 形等边垫铁；
（d）凹 V 形不等边垫铁；（e）直角垫铁；（f）55° 垫铁

图 2-6-7　垫铁的种类

（4）检验棒。检验棒主要用来检查机床主轴及套筒类零部件的径向圆跳动、轴向窜动、同轴度、平行度等，是机床装配及检验中常用的工具之一。

检验棒一般用工具钢制成，经热处理及精密加工，精度较高。为减轻重量可以做成空心的；为便于装拆、保管，还可以做出拆卸螺纹及吊挂小孔。检验棒用后要清洗、涂油，并吊挂保存。

检验棒按测量对象及检验项目的不同，可以做成不同的结构形式，如图 2–6–8 所示。

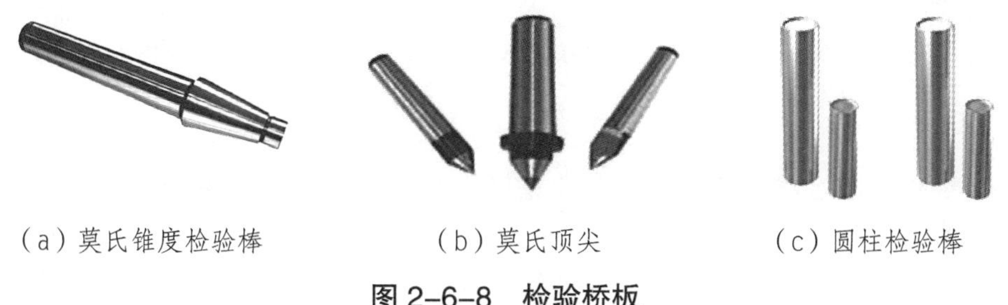

（a）莫氏锥度检验棒　（b）莫氏顶尖　（c）圆柱检验棒

图 2–6–8　检验桥板

（5）检验桥板。检验桥板是用来检验机床导轨面间相互位置精度的一种工具，它一般与水平仪结合使用，如图 2–6–9（a）所示为常用的一种。按导轨断面的不同形状，可以做成不同的支撑结构形式，如图 2–6–9（b）所示。检验桥板与导轨接触部分及本身的跨度可以调整和更换，以适应多种床身导轨的组合测量。

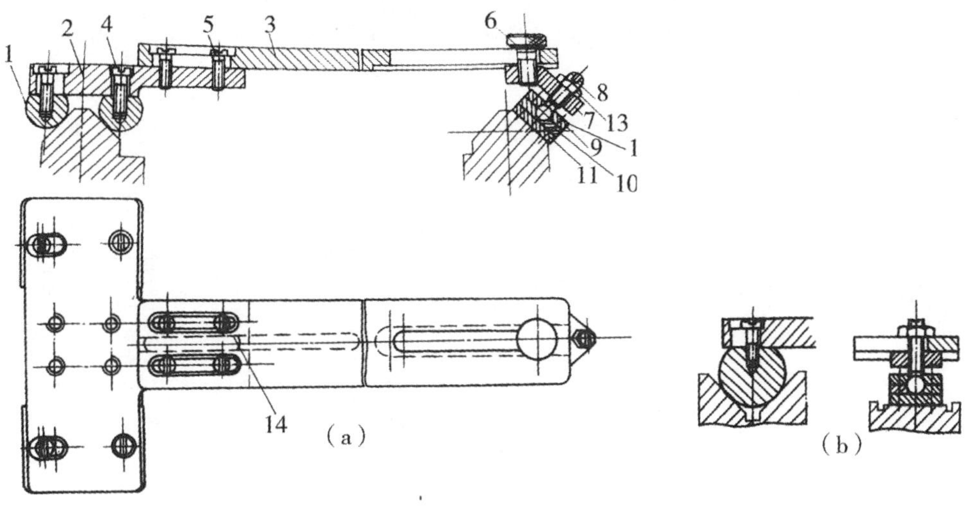

1—半圆棒；2—丁字板；3—桥板；4、5—螺钉；6—滚花螺钉；7—滑动支板；8—调整杆；9—盖板；0—垫板；11 接触板；12—圆柱头铆钉；13—六角螺母；14—平键

图 2–6–9　检验桥板

（二）常用量仪

（1）水平仪。水平仪主要用来测量导轨在竖直平面内的直线度，工作台面的平面度及零件间的垂直度和平行度等。常用的有条形式水平仪、框式水平仪和合像水平仪

等如图 2-6-10 所示。用于车床装配测量工作的是框式水平仪，它不仅可以测量直线度、两导轨间的平行度，还能测量两相互垂直部件的垂直度误差。

(a) 框式水平仪

(b) 条式水平仪

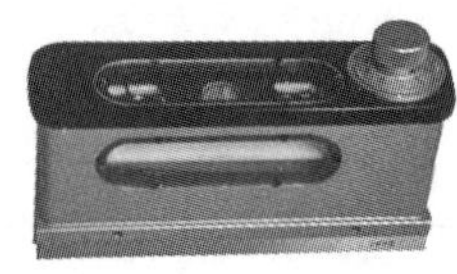

(c) 合像水平仪

图 2-6-10　水平仪

为了便于测量数据的换算和保护水平仪的工作面，测量时常配备专用的水平仪垫铁如图 2-6-11 所示。垫铁底部与测量面相接触的表面是根据被测导轨横截面形状配作的，在测量前最好能与被测导轨面进行配刮。垫铁的长度 L_1 的选择要考虑被测导轨的长度、水平仪自身的长度以及需要测量的次数。

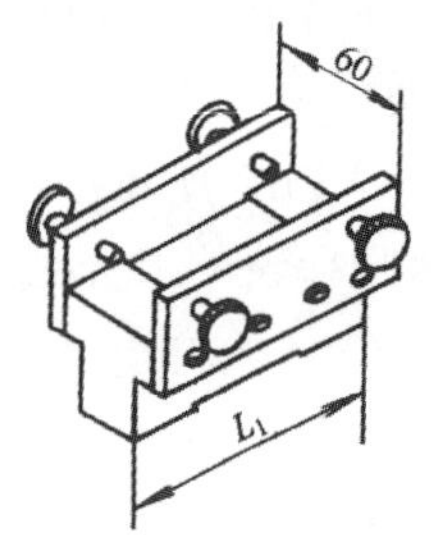

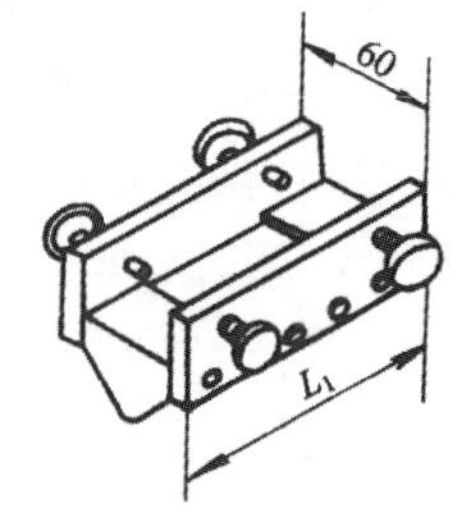

图 2-6-11　水平仪垫铁（检具）

（2）光学平直仪。光学平直仪有仪器主体和反射镜两部分组成，如图 2-6-12 所示。主体由平行光管和读数望远镜组成，反射镜安装在桥板上。光学平直仪具有精度高、应用范围广、使用方便、受温度影响小等优点。

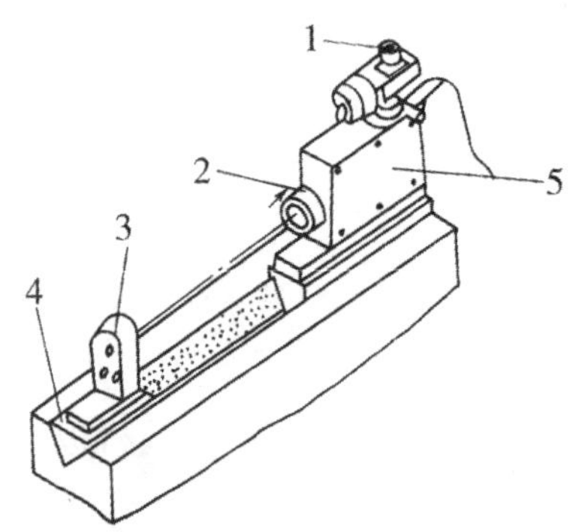

1—目镜；2- 望远镜；3—反光镜；4—桥板；5—主体

图 2-6-12　用光学平直仪检查导轨直线度

七、CA6140 车床精度检测

（一）检验序号 G1（床身导轨调平）

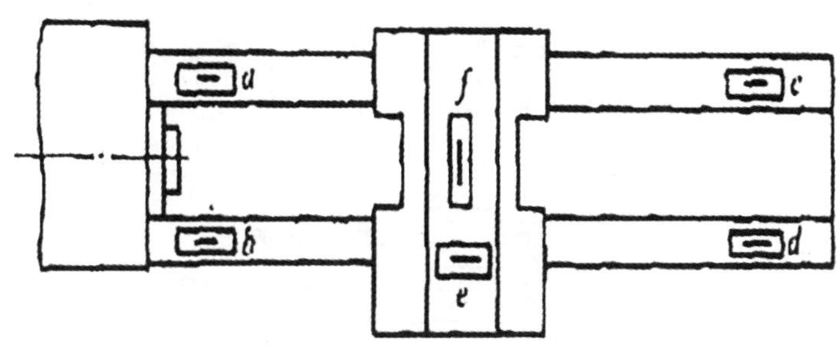

图 2-6-13　G1 检验简图

表 2-6-1　G1 项目的允差值（mm）

<table>
<tr><td rowspan="2">检验项目</td><td colspan="2">允差</td></tr>
<tr><td>$D_a \leqslant 800$</td><td>$800 < D_a \leqslant 1250$</td></tr>
<tr><td rowspan="10">导轨在竖直平面内的直线度</td><td colspan="2">$D_c \leqslant 500$</td></tr>
<tr><td colspan="2">0.01（凸）　　0.015（凸）</td></tr>
<tr><td colspan="2">$500 < D_c \leqslant 1000$</td></tr>
<tr><td colspan="2">0.02（凸）0.025（凸）</td></tr>
<tr><td colspan="2">局部公差 **
在任意 250 测量长度上</td></tr>
<tr><td>0.0075</td><td>0.01</td></tr>
<tr><td colspan="2">$D_c > 1000$
最大工件长度每增加 1000 允差增加</td></tr>
<tr><td>0.010</td><td>015</td></tr>
<tr><td colspan="2">局部公差 **
在任意 500 测量长度上</td></tr>
<tr><td>0.015</td><td>0.02</td></tr>
<tr><td>导轨在竖直平面内的平行度</td><td colspan="2">0.04 / 1000</td></tr>
</table>

注：D_c 表示最大工件长度：D_a 表示最大工件回转直径。

* * 在导轨两端 Dc / 4 测量长度上局部公差可以加倍。

检验方法及误差值的确定：

检验前，须将机床安装在适当的基础上，在床脚紧固螺栓孔处设置可调垫铁，将机床调平。为此，水平仪应顺序地放在床身平导轨纵向 *a*、*b*、*c*、*d* 和床鞍横向 *f* 的位置上。调整可调垫铁使两条导轨的两端水平放置，同时校正床身导轨的扭曲。

检验时在床鞍上靠近前导轨 e 处，纵向放一水平仪，等距离移动床鞍检验。

将水平仪的测量读数依次排列，用直角坐标法画出导轨误差曲线。曲线相对其两端点连线在纵坐标上的最大正负绝对值之和就是该导轨全长的直线度误差。曲线上任意局部测量长度的两端点相对曲线两端点连线的坐标值，就是导轨的局部误差。

（二）检验序号 G2（床鞍移动在水平面内的直线度）

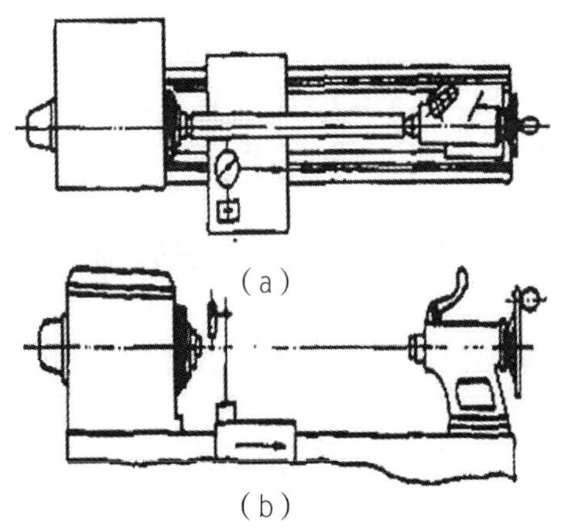

图 2-6-14　G2 检验简图

表 2-6-2　G2 项目的允差值（mm）

检验项目	允差	
	$D_a \le 800$	$800 < D_a \le 1250$
床鞍的移动在水平面内的直线度	$D_c \le 500$	
	0.015	0.02
	$500 < D_c \le 1000$	
	0.02	0.025
	$D_c > 1000$ 最大工件长度每增加 1000 允差增加： 0.005 最大允差	
	0.03	0.05

检验方法及误差值的确定：

当床鞍行程小于或等于 1600 mm 时，可利用检验棒和百分表检验［见图 2-6-14（a）］；将百分表固定在床鞍上，使其测头触及主轴和尾座顶尖间的检验棒表面；调整尾座，使百分表在检验棒两端的读数相等；百分表触头触及检验棒侧素线，移动床鞍在全部行程上检验。百分表读数的最大代数差值就是该导轨的直线度误差。

床鞍行程大于 1600 mm 时，用直径约为 0.1 mm 的钢丝和读数显微镜检验［见图

2-6-14（b）]。在机床中心高的位置上绷紧一根钢丝，把显微镜固定在床鞍上；调整钢丝，使显微镜在钢丝两端的读数相等；等距离移动床鞍，在全部行程上检验。显微镜读数的最大代数差值就是该导轨的直线度误差值。

（三）检验序号 G3（尾座移动对床鞍移动的平行度）

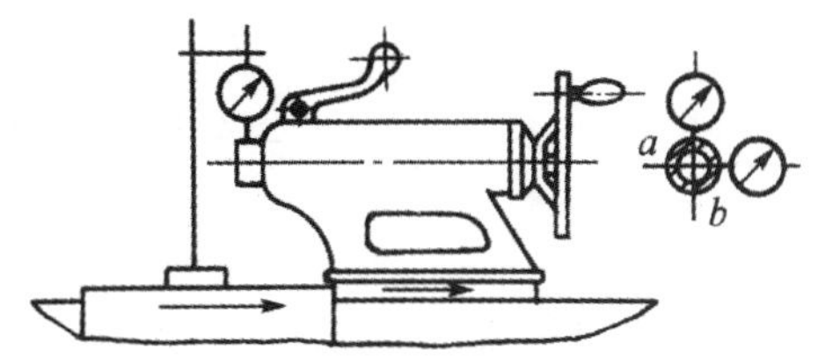

图 2-6-15　G3 检验简图

表 2-6-3　G3 项目的允差值（mm）

<table>
<tr><td colspan="2" rowspan="2">检验项目</td><td colspan="2">允差</td></tr>
<tr><td>$D_a \leqslant 800$</td><td>$800 < D_a \leqslant 1250$</td></tr>
<tr><td rowspan="5">尾座移动对床鞍移动的平行度</td><td rowspan="3">a 为在竖直平面内</td><td colspan="2">$D_c \leqslant 1500$</td></tr>
<tr><td colspan="2">a 和 b 0.03，a 和 b 0.04</td></tr>
<tr><td colspan="2">局部公差：在任意 500 测量长度上为 0.02</td></tr>
<tr><td rowspan="2">b 为在水平面内</td><td colspan="2">$Dc > 1500$
a 和 b 0.04</td></tr>
<tr><td colspan="2">在任意 500 测量长度上为 0.03</td></tr>
</table>

检验方法及误差值的确定：

将指示器固定在床鞍上，使其测头触及近尾座端面的顶尖套上，a 为在竖直平面内；b 为在水平面内。锁紧顶尖套，使尾座与床鞍一起移动，在床鞍全部行程上检验，指示器在任意 500 mm 行程上和全部行程上读数的最大值就是局部长度和全长上的平行度误差值。a、b 的误差分别计算。

（四）检验序号 G4（主轴的轴向窜动和主轴轴肩支撑面的跳动）

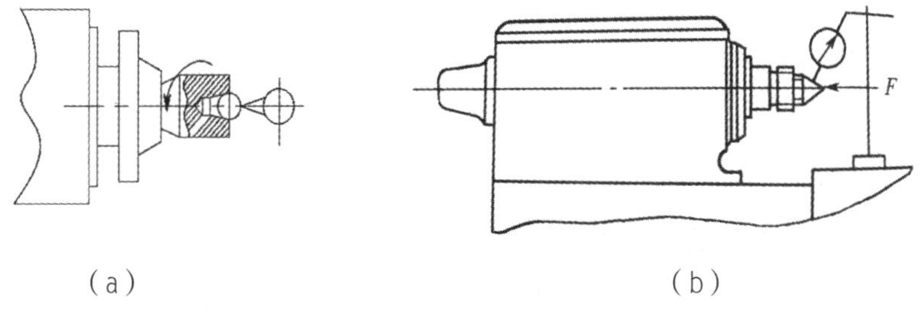

图 2-6-16　G4 检验简图

表 5–4　G4 项目的允差值（mm）

检验项目	允差	
	$D_a \leqslant 800$	$800 < D_a \leqslant 1250$
a— 为主轴的轴向窜动	*a*.0.01	*a*.0.015
b— 为主轴轴肩支撑面的跳动	*b*.0.02	*b*.0.02
	（包括轴向窜动）	

检验方法及误差值的确定：

（1）主轴轴向窜动的检验 固定指示器，使其测头触及检验棒端部中心孔内的钢球上，如图 2–6–16（a）所示。为消除主轴轴向游隙对测量的影响，在测量方向上沿主轴轴线加一力 f。慢慢旋转主轴，指示器读数的最大差值就是轴向窜动误差值。

（2）主轴轴肩支撑面的跳动检验固定指示器，使其测头触及主轴轴肩支撑面上，如图 2–6–16（b）所示，沿主轴轴线加一力 *F*。慢慢旋转主轴，将指示器放置在轴肩支撑面不同直径处一系列位置上进行检验，其中最大误差值就是包括轴向窜动误差在内的轴肩支撑面的跳动误差值。

（五）检验序号 G5（主轴定心轴颈的径向圆跳动）

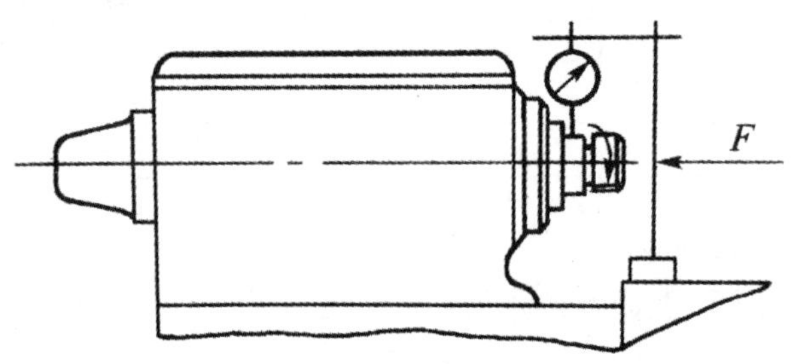

图 2–6–17　G5 检验简图

表 2–6–5　G5 项目的允差值（mm）

检验项目	允差	
	$D_a \leqslant 800$	$800 < D_a \leqslant 1250$
主轴定心轴颈的径向圆跳动	0.01	0.015

检验方法及误差值的确定：

固定指示器，使其测头垂直触及轴颈（包括圆锥轴颈）的表面，沿主轴轴线加一力 *F*。旋转主轴检验，指示器读数的最大差值就是径向圆跳动误差值。

（六）检验序号 G6（主轴锥孔轴线的径向跳动）

检验方法及误差值的确定：

如图 2-6-18 所示，将检验棒插入主轴锥孔内，固定指示器，使其测头垂直触及检验棒的表面；*a* 为靠近主轴位置；*b* 为距 *a* 点 *L* 处。对于车削工件外径 $D_a \leqslant 800$ mm 的车床，*L* 等于 D_a / 2 或不超过 300 mm；对于 D_a>800 mm 的车床。测量长度 *L* 应增加至 500 mm。旋转主轴检验，规定在 *a*、*b* 两个截面上检验。主要是控制锥孔轴线与主轴轴线的倾斜误差值。

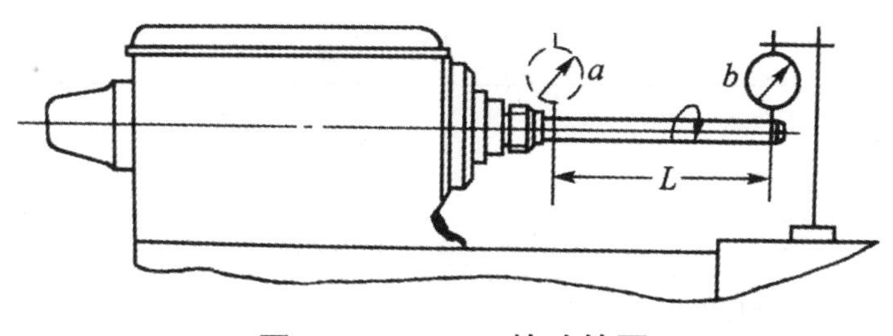

图 2-6-18　G6 检验简图

表 2-6-6　G6 项目的允差值（mm）

检验项目	允差	
	$D_a \leqslant 800$	$800 < D_a \leqslant 1250$
主轴锥孔轴线的径向跳动 *a*— 靠近主轴端面 *b*— 距主轴端面 L 处	*b* 为 0.01 *c* 为在 300 测量长度上为 0.02	*b* 为 0.015 *c* 为在 500 测量长度上为 0.05

为了消除检验棒误差和检验棒插入孔内时的安装误差对主轴锥孔轴线径向圆跳动误差的叠加或抵偿，应将检验棒相对主轴旋转 90° 作重新插入检验，共检验四次，四次测量结果的平均值就是径向圆跳动的误差值。*a*、*b* 的误差分别计算。

（七）检验序号 G7（主轴轴线对床鞍移动的平行度）

检验方法及误差值的确定：

如图 2-6-19 所示，指示器固定在床鞍上，使其测头触及检验棒的表面，*a* 为在竖直平面内；*b* 在水平面内，移动床鞍检验。为消除检验棒轴线与旋转轴线不重合对测量的影响，必须旋转主轴 180° 做两次测量，两次测量结果代数和的平均值，就是平行度误差，*a*、*b* 的误差分别计算。

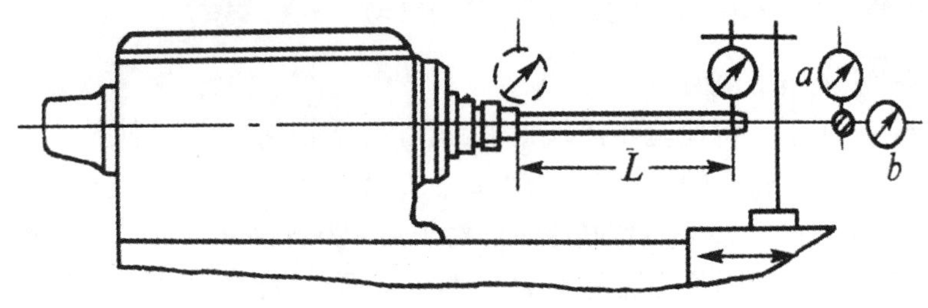

图 2-6-19　G7 检验简图

表 2-6-7　G7 项目的允差值（mm）

<table>
<tr><td rowspan="2">检验项目</td><td colspan="2">允差</td></tr>
<tr><td>$D_a \leqslant 800$</td><td>$800 < D_a \leqslant 1250$</td></tr>
<tr><td rowspan="4">主轴轴线对床鞍移动的平行度
a—在竖直平面内
b—在水平面内</td><td>a 在 300 测量长度上为 0.02</td><td>a 在 500 测量长度上为 0.04</td></tr>
<tr><td colspan="2">（只许向上偏）</td></tr>
<tr><td>b 在 300 测量长度上为 0.015</td><td>b 在 500 测量长度上为 0.03</td></tr>
<tr><td colspan="2">（只许向前偏）</td></tr>
</table>

（八）检验序号 G8（顶尖跳动）

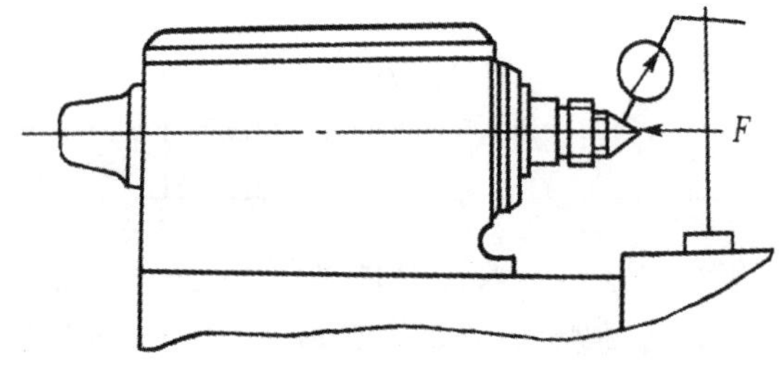

图 2-6-20　G8 检验简图

表 2-6-8　G8 项目的允差值（mm）

<table>
<tr><td rowspan="2">检验项目</td><td colspan="2">允差</td></tr>
<tr><td>$D_a \leqslant 800$</td><td>$800 < D_a \leqslant 1250$</td></tr>
<tr><td>顶尖跳动</td><td>0.015</td><td>0.02</td></tr>
</table>

检验方法及误差值的确定：

顶尖插入主轴锥孔内，固定指示器，使其测头垂直触及顶尖锥面上，沿主轴轴线加一力 F。旋转主轴，指示器读数的最大差值乘以 cosα（α 为圆周半角）后，就是顶尖跳动的误差值。

（九）检验序号 G9（尾座套筒轴线对床鞍移动的平行度）

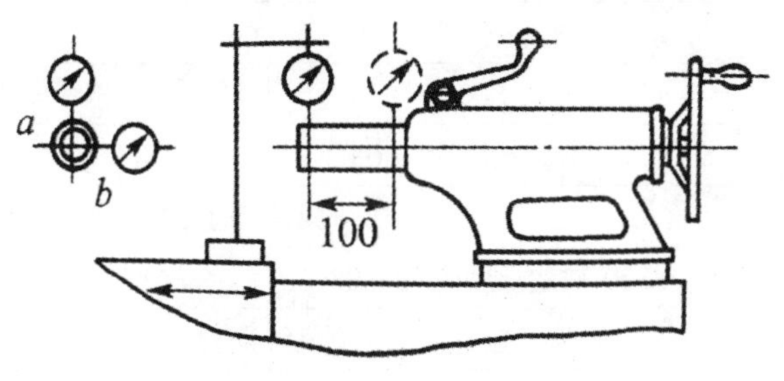

图 2-6-21　G9 检验简图

表 2-6-9　G9 项目的允差值（mm）

检验项目	允差	
	$D_a \leqslant 800$	$800 < D_a \leqslant 1250$
尾座套筒轴线对床鞍移动的平行度 a—在竖直平面内 b—在水平面内	a. 在 300 测量长度上为 0.03	a 在 500 测量长度上为 0.05
	（只许向上偏）	
	b 在 300 测量长度上为 0.03	b. 在 500 测量长度上为 0.05
	（只许向前偏）	

检验方法及误差值的确定：

将尾座紧固在检验位置，当被加工工件最大长度 D_c 小于或等于 500 mm 时，应紧固在床身导轨的末端：当 D_c 大于 500 mm 时应紧固在 D_c / 2c 处，但最大不大于 2000 mm。尾座顶尖套伸出量约为最大伸出长度的一半，并锁紧。

将指示器固定在床鞍上，使其测头触及尾座套筒的表面，*a* 为在竖直平面内；*b* 为在水平面内，移动床鞍检验，指示器读数的最大差值，就是平行度的误差值。*a*、*b* 的误差应分别计算。

（十）检验序号 G10（尾座套筒锥孔轴线对床鞍移动平行度）

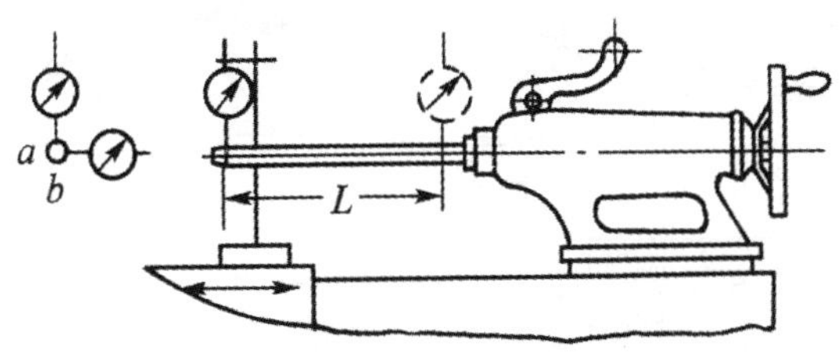

图 2-6-22　G10 检验简图

表 2–6–10　G10 项目的允差值（mm）

检验项目	允差	
	$D_a \leqslant 800$	$800 < D_a \leqslant 1250$
尾座套筒锥孔轴线对床鞍移动平行度 *a*—在竖直平面内 *b*—在水平面内	*a*. 在 300 测量长度上为 0.03	*a* 在 500 测量长度上为 0.05
	（只许向上偏）	
	b 在 300 测量长度上为 0.03	*b*. 在 500 测量长度上为 0.05
	（只许向前偏）	

检验方法及误差值的确定：

检验时尾座的位置同 G9，顶尖套筒退入尾座孔内，并锁紧。

在尾座套筒锥孔中插入检验棒，指示器固定在床鞍上，使其测头触及检验棒表面，*a* 在竖直平面内，*b* 为在水平面内。移动床鞍检验，一次检验后拔出检验棒，旋转 180° 重新插入尾座顶尖套锥孔中，重复检验一次，两次测量结果的代数和的平均值，就是平行度误差。*a*、*b* 的误差分别计算。

（十一）检验序号 G11（主轴和尾座两顶尖的等高度）

表 2–6–11　G11 项目的允差值（mm）

检验项目	允差	
	$D_a \leqslant 800$	$800 < D_a \leqslant 1250$
主轴和尾座两顶尖的等高度	0.04	0.06
	（只许尾座高）	

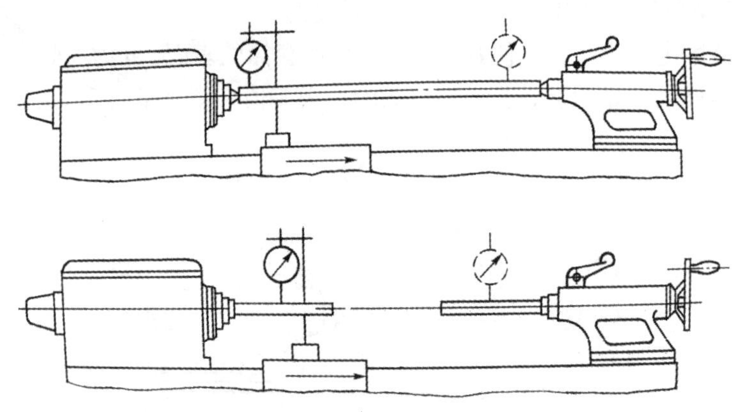

图 2–6–23　G11 检验简图

检验方法及误差值的确定：

在主轴与尾座顶尖间装入检验棒，指示器固定在床鞍上，使其测头在竖直平面内

触及检验棒。移动床鞍，在检验棒的两极限位置上检验，指示器在检验棒两端读数的差值，就是等高度误差值。检验时，尾座顶尖应退入尾座孔内，并锁紧。

（十二）检验序号 G12（小滑板移动对主轴轴线的平行度）

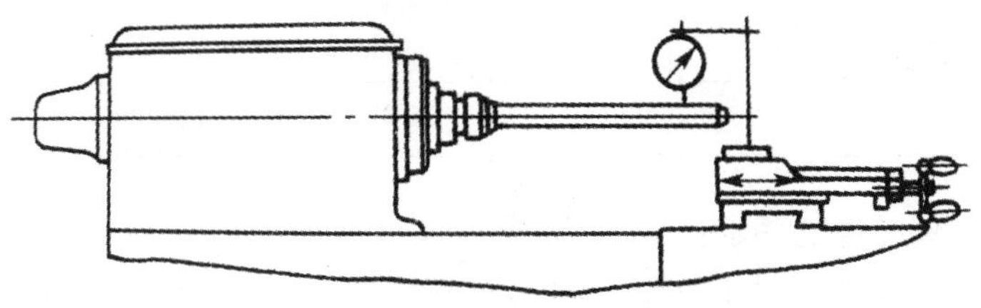

图 2-6-24　G12 检验简图

表 2-6-12　G12 项目的允差值（mm）

检验项目	允差	
	$D_a \leqslant 800$	$800 < D_a \leqslant 1250$
小滑板移动对主轴轴线的平行度	在 300 测量长度上为 0.04	

检验方法及误差值的确定：

将检验棒插入主轴锥孔内，指示器固定在小滑板上，使其测头在水平面内触及检验棒。调整小滑板，使指示器在检验棒两端的读数相等，将指示器测头在竖直平面内触及检验棒，移动小滑板检验，然后将主轴旋转 180° 再检验一次。两次测量结果代数和平均值，就是平行度误差。

（十三）检验序号 G13（中滑板横向移动对主轴轴线的垂直度）

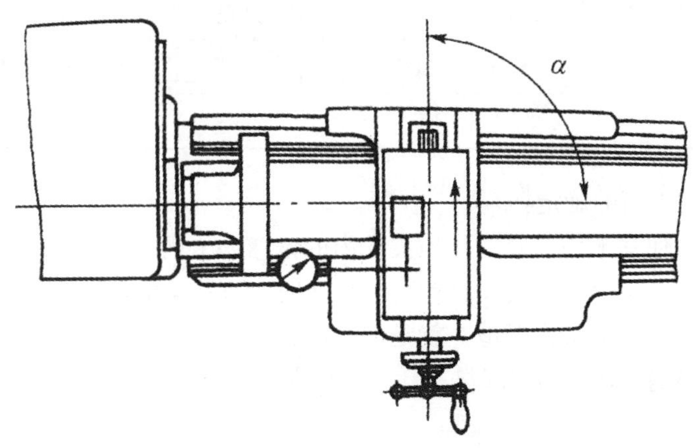

图 2-6-25　G13 检验简图

表 2-6-13　G13 项目的允差值（mm）

检验项目	允差	
	$D_a \leqslant 800$	$800 < D_a \leqslant 1250$
中滑板横向移动对主轴轴线的垂直度	0.02 / 0.03	
	（偏差方向 $a \geqslant 90°$）	

检验方法及误差值的确定：

将平面圆盘固定在主轴上，指示器固定在中滑板上，使其测头触及圆盘平面，移动中滑板进行检验，然后将主轴旋转 180° 再检验一次，两次测量结果代数和的平均值，就是垂直度误差。

（十四）检验序号 G14（丝杠的轴向窜动）

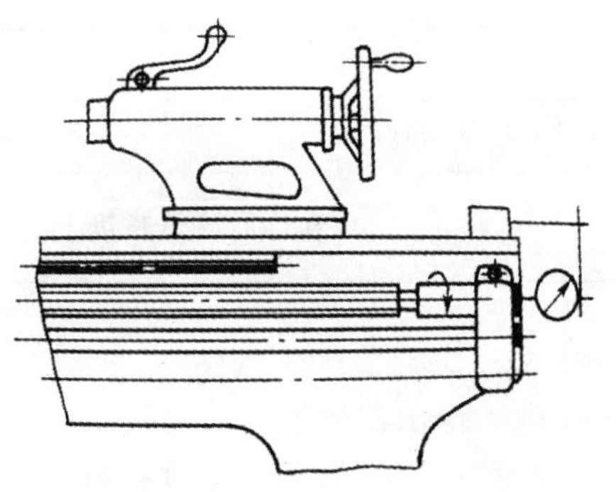

图 2-6-26　G14 检验简图

表 2-6-14　G14 项目的允差值（mm）

检验项目	允差	
	$D_a \leqslant 800$	$800 < D_a \leqslant 1250$
丝杠的轴向窜动	0.015	0.02

检验方法及误差值的确定：

固定指示器，使其测头触及丝杠顶尖孔内的钢球上（钢球用黄油黏粘牢）。在丝杠的中段处闭合开合螺母，旋转丝杠检验。检验时，有托架的丝杠应在装有托架的状态下检验，指示器读数的最大差值，就是丝杠的轴向窜动误差值。正转、反转均应试验，但由正转变换到反转时的有限量不计入误差内。

附表

附表 1　普通螺纹攻螺纹前钻底孔的钻头直径（mm）

公称直径 D、d	螺距 P		中径 D_2 或 d_2	小径 D_1 或 d_1
4	粗牙	0.7	3.54535	3.24225
	细牙	0.5	3.67525	3.45875
5	粗牙	0.8	4.4804	4.134
	细牙	0.5	4.67525	4.4575
6	粗牙	1	5.350	4.917
	细牙	0.75	5.513	5.188
8	粗牙	1.25	7.188	6.647
	细牙	1	7.3503	6.917
		0.75	7.513	7.188
10	粗牙	1.5	9.026	8.376
	细牙	1.25	9.188	8.647
		1	9.350	8.917
		0.75	9.513	9.188
12	粗牙	1.75	10.863	10.106
	细牙	1.5	11.026	10.376
		1.25	11.188	10.647
		1	11.350	10.917
14	粗牙	2	12.701	11.835
	细牙	1.5	13.026	12.376
		1	13.350	12.917
16	粗牙	2	14.701	13.835
	细牙	1.5	15.026	14.376
		1	15.350	14.917

续表

公称直径 D、d	螺距 P		中径 D_2 或 d_2	小径 D_1 或 d_1
18	粗牙	2.5	16.376	15.294
	细牙	2	16.701	15.835
		1.5	17.026	16.376
		1	17.350	16.917
20	粗牙	2.5	18.376	17.294
	细牙	2	18.701	17.835
		1.5	19.026	18.376
		1	19.350	18.917
22	粗牙	2.5	20.376	19.294
	细牙	2	20.701	19.835
		1.5	21.026	20.376
		1	21.350	20.917
24	粗牙	3	22.051	20.752
	细牙	2	22.701	21.835
		1.5	23.026	22.376
		1	23.350	22.917
27	粗牙	3	25.051	23.752
	细牙	2	25.701	24.835
		1.5	26.026	25.376
		1	26.350	25.917
30	粗牙	3.5	27.727	26.211
	细牙	2	28.701	27.835
		1.5	29.026	28.376
		1	29.350	28.917
33	粗牙	3.5	30.727	29.211
	细牙	2	31.701	30.835
		1.5	32.026	31.376

续表

公称直径 D、d	螺距 P		中径 D_2 或 d_2	小径 D_1 或 d_1
36	粗牙	4	33.402	31.670
	细牙	3	34.051	32.752
		2	34.701	33.835
		1.5	35.026	34.376
39	粗牙	4	36.402	34.670
	细牙	3	37.051	35.752
		2	37.701	36.835
		1.5	38.026	37.376
42	粗牙	4.5	39.077	37.129
	细牙	3	40.051	38.752
		2	40.701	39.835
		1.5	41.026	40.376
45	粗牙	4.5	42.077	40.129
	细牙	3	43.051	41.752
		2	43.701	42.835
		1	44.026	43.376
48	粗牙	5	44.752	42.587
	细牙	3	46.051	44.752
		2	46.701	45.835
		1.5	47.026	46.376
52	粗牙	5	48.752	46.587
	细牙	3	50.051	48.752
		2	50.701	49.835
		1.5	51.026	50.376
56	粗牙	5.5	52.428	50.046
	细牙	4	53.402	51.670
		3	54.051	52.752
		2	54.701	53.835
		1.5	55.026	54.376

附表 2　普通螺纹攻螺纹前钻底孔的钻头直径（mm）

螺纹直径 D	螺距 P	钻头直径 D_0		螺纹直径 D	螺距 P	钻头直径 d_0	
		铸铁、青铜、黄铜	钢、可锻铸铁、紫铜、层压板			铸铁、青铜、黄铜	钢、可锻铸铁、紫铜、层压板
2	0.4 0.25	1.6 1.75	1.6 1.75	12	1.75 1.5 1.25 1	10.1 10.4 10.6 10.9	10.2 10.5 10.7 11
2.5	0.45 0.35	2.05 2.15	2.05 2.15	14	2 1.5 1	11.8 12.4 12.9	12 12.5 13
3	0.5 0.35	2.5 0.35	2.5 2.65	16	2 1.5 1	13.8 14.4 14.9	14 14.5 15
4	0.7 0.5	3.3 3.5	3.3 3.5	18	2.5 2 1.5 1	15.3 15.8 16.4 16.9	15.5 16 16.5 17
5	0.8 0.5	4.1 4.5	4.2 4.5	20	2.5 2 1.5 1	17.3 17.8 18.4 18.9	17.5 18 18.5 19
6	1 0.75	4.9 5.2	5 5.2	22	2.5 2 1.5 1	19.3 19.8 20.4 20.9	19.5 20 20.5 21
8	1.25 1 0.75	6.6 6.9 7.1	6.7 7 7.2	24	3 2 1.5 1	20.7 21.8 22.4 22.9	21 22 22.5 23
10	1.5 1.25 1 0.75	8.4 8.6 8.9 9.1	8.5 8.7 9 9.2				

附表 3　套螺纹圆杆直径

粗牙普通螺纹				英制螺纹			圆柱管螺纹		
螺纹直径 /mm	螺距 /in	螺杆直径 /in		螺纹直径 /in	螺杆直径 /mm		螺纹直径 /in	管子外径 /mm	
		最小直径	最大直径		最小直径	最大直径		最小直径	最大直径
M6	1	5.8	5.9	1/4	5.9	6	1/8	9.4	9.5
M8	1.25	7.8	7.9	5/16	7.4	7.6	1/4	12.7	13
M10	1.5	9.75	9.85	3/8	9	9.2	3/8	16.2	16.5
M12	1.75	11.75	11.9	1/2	12	12.2	1/2	20.5	20.8
M14	2	13.7	13.85	—	—	—	5/8	22.5	22.8
M16	2	15.7	15.85	5/8	15.2	15.4	3/4	26	26.3
M18	2.5	17.7	17.85	—	—	—	7/8	29.8	30.1
M20	2.5	19.7	19.85	3/4	18.3	18.5	1	32.8	33.1
M22	2.5	21.7	21.85	7/8	21.4	21.6	$1\frac{1}{8}$	37.4	37.7
M24	3	23.65	23.8	1	24.5	24.8	$1\frac{1}{4}$	41.4	41.7
M27	3	26.65	26.8	$1\frac{1}{4}$	30.7	31	$1\frac{3}{8}$	43.8	44.1
M30	3.5	29.6	29.8	—	—	—	$1\frac{1}{2}$	47.3	47.6
M36	4	35.6	35.8	$1\frac{1}{2}$	37	37.3	—	—	—
M42	4.5	41.55	41.75	—	—	—	—	—	—
M48	5	47.5	47.7	—	—	—	—	—	—
M52	5	51.5	51.7	—	—	—	—	—	—
M60	5.5	59.45	59.7	—	—	—	—	—	—
M64	6	63.4	63.7	—	—	—	—	—	—
M68	6	67.4	67.7	—	—	—	—	—	—

附表 4　成套量块参数表

套别	总块数	级别	尺寸系列	间隔	块数
1	91	0，1	0.5 1 1.001，1.002，..，1.009 1.01，1.02，...，1.49 1.5，1.6，...，1.9 2.0，2.5，...，9.5 10，20，...，100	—— —— 0.001 0.01 0.1 0.5 10	1 1 9 49 5 16 10
2	83	0，1，2	0.5 1 1.005 1.01，1.02，...，1.49 1.5，1.6，...，1.9 2.0，2.5，...，9.5 10，20，...，100	—— —— —— 0.01 0.1 0.5 10	1 1 1 49 5 16 10
3	46	0，1，2	1 1.001，1.002，..，1.009 1.01，1.02，...，1.09 1.1，1.2，...，1.9 2，3，...，9 10，20，...，100	—— 0.001 0.01 0.1 1 10	1 9 9 9 8 10
4	38	0，1，2	1 1.005 1.01，1.02，...，1.09 1.1，1.2，...，1.9 2，3，...，9 10，20，...，100	—— —— 0.01 0.1 1 10	1 1 9 9 8 10

附表 5　标准公差数值表

基本尺寸 / mm		公差值														
		IT4	IT5	IT6	IT7	IT8	IT9	IT10	IT11	IT12	IT13	IT14	IT15	IT16	IT17	IT18
大于	到	μm								mm						
–	3	3	4	6	10	14	25	40	60	0.10	0.14	0.25	0.40	0.60	1.0	1.4
3	6	4	5	8	12	18	30	48	75	0.12	0.18	0.30	0.48	0.75	1.2	1.8
6	10	4	6	9	15	22	36	58	90	0.15	0.22	0.36	0.58	0.90	1.5	2.2
10	18	5	8	11	18	27	43	70	110	0.18	0.27	0.43	0.70	1.10	1.8	2.7
18	30	6	9	13	21	33	52	84	130	0.21	0.33	0.52	0.84	1.30	2.1	3.3
30	50	7	11	16	25	39	62	100	160	0.25	0.39	0.62	1.00	1.60	2.5	3.9
50	80	8	13	19	30	46	74	120	190	0.30	0.46	0.74	1.20	1.90	3.0	4.6
80	120	10	15	22	35	54	87	140	220	0.35	0.54	0.87	1.40	2.20	3.5	5.4
120	180	12	18	25	40	63	100	160	250	0.40	0.63	1.00	1.60	2.50	4.0	6.3
180	250	14	20	29	46	72	115	185	290	0.46	0.72	1.15	1.85	2.90	4.6	7.2
250	315	16	23	32	52	81	130	210	320	0.52	0.81	1.30	2.10	3.20	5.2	8.1
315	400	18	25	36	57	89	140	230	360	0.57	0.89	1.40	2.30	3.60	5.6	8.9
400	500	20	27	40	63	97	155	250	400	0.63	0.97	1.55	2.50	4.00	6.3	9.7

参考文献

[1] 人力资源和社会保障部教材办公室 . 钳工（初级、中级、高级）[M]. 第2版 . 北京：中国劳动社会保障出版社，2014.

[2] 陈刚，刘新灵 . 钳工基础 [M]. 北京：化学工业出版社，2014.